Qu'est-ce que l'énergie nucléaire ?

Qu'est-ce que l'énergie nucléaire ?

HENRI SAFA

Préface de Catherine Césarsky

EDP SCIENCES

17, avenue du Hoggar – P.A. de Courtabœuf
BP 112, 91944 Les Ulis Cedex A

Mise en pages : Patrick Leleux

Imprimé en France
ISBN : 978-2-7598-0430-6

À ma femme, Christine
À mes enfants, Jean-Christophe, Vincent et Isabelle

SOMMAIRE

PRÉFACE

Henri Safa, dont j'ai eu souvent l'occasion d'apprécier les qualités d'animation scientifique à la direction de l'énergie nucléaire du CEA, nous montre ici un autre de ses talents, celui de diffuseur de connaissances vers le grand public. Il a relevé un défi de taille en abordant toutes les problématiques posées par l'utilisation pacifique de l'énergie nucléaire dans un livre d'un volume raisonnable. Ainsi le panorama embrassé est large car au-delà des incontournables bases de physique et d'ingénierie nucléaire, les questions de sûreté, de sécurité et d'économie du nucléaire sont abordées. Les enjeux énergétiques et climatiques ainsi que les questions posées par la gestion des déchets sont également traités. Certains sujets très intéressants, comme les applications industrielles du nucléaire dans des domaines autres que la production d'électricité, avaient été rarement abordés dans un ouvrage généraliste. Même le grave et très récent accident de Fukushima est brièvement décrit. Tous ces thèmes sont présentés clairement, sans dogmatisme, pour un lecteur curieux ayant un minimum de bagage scientifique.

À l'heure où s'amorce le débat sur la place de l'énergie nucléaire en France dans les décennies à venir, Henri Safa apporte une contribution importante pour éclairer nos concitoyens. Appréhender ces éléments scientifiques et techniques est indispensable pour se forger une opinion et pour participer utilement à un débat qui demeure encore trop souvent passionnel. L'utilisation importante de l'énergie nucléaire pour générer l'électricité en France est la conséquence d'un choix raisonné et réfléchi. Les avantages en termes d'indépendance énergétique, de coût et de stabilité de l'offre sont connus ; des solutions sont avancées pour le stockage des déchets nucléaires, cependant que les impératifs de sureté sont plus que jamais pris en compte. Le choix de l'énergie nucléaire nous permet d'avoir des émissions de gaz à effet de serre parmi les plus faibles des pays avec un niveau de développement comparable au nôtre. Aujourd'hui, le maintien de notre engagement en faveur du nucléaire s'accompagne d'un investissement massif dans les énergies renouvelables et dans l'amélioration de l'efficacité énergétique. Le CEA s'est d'ailleurs fortement mobilisé sur ces thématiques, avec un niveau de financement comparable à celui qui est dévolu au nucléaire de 3e et 4e génération. Des synergies apparaissent, en particulier pour la recherche amont : matériaux, nanotechnologies, chimie, simulations numériques.

J'attache beaucoup d'importance à la pertinence et à la qualité de l'offre française en matière de formations nucléaires. Cet ouvrage, qui s'adresse à un public très large, constituera de plus pour les étudiants francophones un texte de référence précieux qui leur donnera une vision globale de l'énergie nucléaire, complémentaire des connaissances techniques plus pointues constituant le cœur des enseignements dispensés.

Catherine CÉSARSKY
Haut-Commissaire à l'énergie atomique

AVANT-PROPOS

L'homme a besoin d'énergie pour son développement, pour ses besoins de base, naturellement, comme la nourriture et le chauffage, mais également pour son développement économique avec l'industrie, les transports et la santé. Dans le chapitre consacré à l'économie, le lecteur pourra constater que le développement d'un pays est systématiquement accompagné d'un besoin croissant en énergie. Malgré les améliorations constantes en matière d'efficacité, l'appétit énergétique des pays en développement ira inévitablement croissant pour deux raisons : leur population augmente et elle aspire à un confort au moins équivalent à celui des pays riches. À l'ère industrielle, nos civilisations occidentales se sont fortement développées grâce à la découverte et à l'utilisation des énergies fossiles : le charbon, le pétrole et le gaz. Depuis, celles-ci ont été exploitées à outrance et les réserves bon marché de pétrole et de gaz commencent à s'épuiser. Aujourd'hui, un pays comme la Chine, peuplé d'un milliard trois cents millions d'habitants, se trouve en pleine expansion économique, avec une croissance qui avoisine régulièrement les 10 % depuis plusieurs années. Ce fort développement draine une boulimie énergétique démesurée, si bien que le pays se voit contraint de construire et de mettre en opération une centrale électrique au charbon toutes les semaines !

Le charbon, seule énergie fossile dont les ressources restent abondantes sur terre (nous en avons pour plusieurs centaines d'années de réserves), mais ô combien polluante ! Implacablement, le dérèglement climatique se met en marche, notre biosphère ne pouvant s'accommoder d'un relâchement annuel excédant 4 Gigatonnes d'équivalent carbone alors que nous en rejetons près du double aujourd'hui, et en rejetrons probablement trois fois plus en 2020. Les énergies dites renouvelables (hydraulique, éolienne, solaire, géothermique, marines) peuvent et doivent être développées pour en tirer profit partout où cela est possible. La grande hydraulique est déjà quasiment pleinement exploitée de par le monde. Quelques gains peuvent être attendus dans une mise en valeur plus large de la petite hydraulique. Cependant, l'eau douce devient une ressource rare et seuls quelques pays ont le privilège d'en disposer à profusion. Il faudra même dans un futur proche en produire en grande quantité par dessalement de l'eau de mer, ne serait-ce que pour satisfaire les besoins vitaux de consommation et d'hygiène. Le vent et le soleil sont par nature intermittents et ne pourront se substituer aux productions massives d'énergie en base. Ils ne fourniront au mieux qu'un complément, par ailleurs fort utile pour compenser au moins en partie l'accroissement de la demande. La géothermie est une énergie encore fort mal utilisée. Elle pourrait être plus largement exploitée pour la régulation thermique des habitations, surtout dans les pays tempérés. Alliée à une bonne isolation des bâtiments, elle devrait pratiquement éliminer le recours au fuel ou au gaz pour le chauffage domestique. Reste que les besoins mondiaux vont croissant et nécessitent de trouver urgemment une source d'énergie abondante, durable et qui ne contribuerait pas à aggraver le réchauffement de la planète.

Les étoiles nous ont fait don d'un élément naturel tout à fait exceptionnel : l'uranium. Par chance, l'un de ses isotopes, l'uranium 235, est fissile et, bien que radioactif, il en subsiste encore dans la croûte terrestre 4,5 milliards d'années après la formation du système solaire. Son abondance est relativement faible mais elle est suffisante pour pouvoir en tirer beaucoup d'énergie sans rejeter de gaz à effet de serre. Ce seul constat justifie pour le moins que l'on s'y intéresse. La technologie nucléaire est encore jeune, à peine une soixantaine d'années. L'apprentissage délicat de sa domestication a provoqué quelques accidents sérieux qui ont temporairement obéré son émancipation. Le récent accident survenu au Japon sur la centrale de Fukushima rappelle à redoubler de prudence si l'on souhaite développer son utilisation à grande échelle. Quoi qu'il en soit, l'humanité, dont les besoins sont toujours croissants, ne pourra faire fi d'un combustible qui recèle en quelques grammes de matière l'équivalent énergétique d'une tonne de carburant classique.

INTRODUCTION

Ce livre ne se veut pas un ouvrage purement scientifique. Il reste à vocation largement ouverte à tout public, même s'il fait quelquefois appel à des connaissances ou à des notions scientifiques lors d'une analyse détaillée portant sur un sujet particulier

Il est divisé en dix chapitres, qui peuvent se lire soit en continu, soit indépendamment les uns des autres, chaque chapitre ayant sa cohérence propre. Le fil conducteur adopté traite des aspects de physique fondamentale (le noyau atomique et la radioactivité), aborde le fonctionnement des réacteurs, avec un éclairage particulier sur la sûreté et les déchets nucléaires, pour finir sur quelques concepts proposés par les chercheurs pour les réacteurs du futur. Au passage, les aspects économiques, industriels et politiques et les applications finales (utilisation de l'électricité et de la chaleur), déterminants pour comprendre les évolutions actuelles du nucléaire, sont évoqués.

Étant donné l'enjeu climatique et la raréfaction des ressources fossiles, il est raisonnable de supposer une montée en puissance du nucléaire au cours du XXIe siècle quand bien même des accidents de parcours pourront ici ou là temporairement ralentir son expansion.

Cet ouvrage tente d'établir un état des lieux dans le monde (vu forcément à travers un miroir déformant français) puis de tracer des pistes pour le futur. Où en est-on ? Quels sont les progrès attendus ? Les technologies actuelles permettent-elles d'envisager un monde sans CO_2 ? Que pourra nous apporter le nucléaire ?

En conclusion, une esquisse du nucléaire du futur est projetée, en indiquant deux voies possibles : la fission ou bien la fusion. La fusion a encore un long chemin à parcourir pour arriver à maturité industrielle. En revanche, la fission aux neutrons rapides semble aujourd'hui incontournable. Cependant, son déploiement est trop lointain ou incertain pour que les industriels s'y investissent de manière importante. Or, l'urgence de l'enjeu requiert qu'un effort public bien plus conséquent y soit consacré.

1

D'où vient l'énergie nucléaire ?

> « *C'est presque aussi incroyable que si vous aviez tiré un obus de 15 pouces sur un mouchoir en papier et qu'il rebondisse dessus et revienne vous toucher.* »
> Enerst Rutherford, en 1911, bombardant une feuille d'or avec des particules alpha et invalidant le modèle atomique de « *plum pudding* » de Joseph J. Thomson qui décrivait l'atome comme un gâteau mou chargé positivement remplissant tout l'espace à l'intérieur duquel des électrons pouvaient se mouvoir.

Toute la matière que nous connaissons est formée d'atomes. La terre que nous foulons, les objets que nous fabriquons, les roches, les plantes, les êtres vivants et même l'air que nous respirons sont des assemblages d'éléments chimiques connus comme l'hydrogène, l'azote, l'oxygène, le silicium, le fer ou l'uranium. Chaque atome est constitué d'un noyau central comprenant une charge électrique positive autour duquel gravitent des électrons de charge opposée. Dans ce chapitre, nous nous intéresserons exclusivement au noyau central de l'atome.

LE NOYAU ATOMIQUE

Composition

Le noyau d'un atome est formé de particules appelées nucléons (des protons de charge électrique positive +e[1] et des neutrons de charge électrique nulle) interagissant entre eux par le biais d'une interaction dite forte[2] qui assure leur cohésion. Chacun de ces nucléons est en réalité formé de 3 quarks (voir encadré et Figure 1.1) qui échangent constamment entre eux des particules appelées gluons.

LES QUARKS

Les nucléons (protons et neutrons) qui forment le noyau de l'atome sont eux-mêmes composés de l'association de particules élémentaires appelées quarks. Il existe 6 types de quarks dans l'univers : u (up), d (down), s (strange), c (charm), b (bottom) et t (top). Seuls les deux premiers existent dans la matière ordinaire. Le proton est formé de l'association de 2 quarks u et d'un quark d alors que le neutron est formé des 3 quarks (u, d, d). Le quark u porte une charge électrique positive égale à 2/3 de celle du proton alors que le quark d porte une charge négative égale à 1/3 de celle de l'électron. Les 3 quarks interagissent continuellement entre eux par l'intermédiaire d'agents transmetteurs appelés gluons. Ces gluons sont les vecteurs de l'interaction nucléaire forte qui permet le maintien de la cohésion des nucléons dans le noyau atomique.

1. On note (–e) la charge électrique de l'électron qui a pour valeur $-1{,}6 \times 10^{-19}$ C.
2. On connaît 4 interactions fondamentales dans la nature : la force électromagnétique, la force forte, la force faible et la force de gravitation.

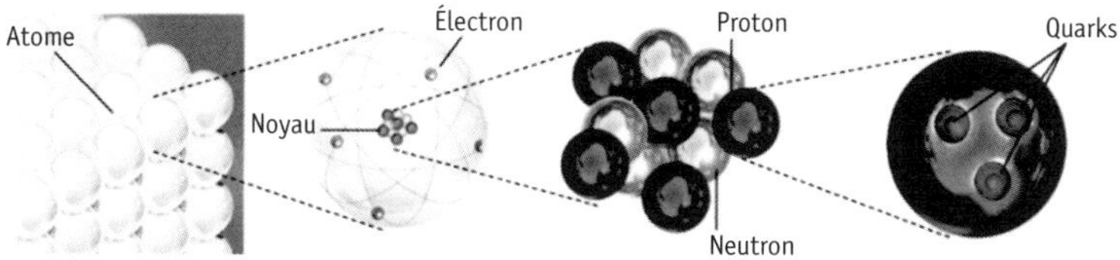

Figure 1.1 | De l'atome aux quarks.

Ce sont ces gluons qui établissent en quelque sorte le liant entre les quarks et qui leur permettent de rester constamment soudés à l'intérieur du noyau. La force nucléaire est à très courte portée et n'agit qu'à l'échelle de quelques fermis (1 fm = 10^{-15} m). En revanche, son intensité est bien plus élevée (environ 100 fois plus) que celle de la force électromagnétique (qui a tendance à faire repousser deux protons entre eux, tous deux chargés positivement). L'interaction forte est donc responsable de la cohésion du noyau atomique, bien que celui-ci soit composé de particules ayant des charges électriques de même signe. Dans tout ce qui suivra, nous n'aurons pas besoin de considérer la sous-structure des nucléons, celle-ci ne se manifestant qu'à très haute énergie. Il nous suffira donc de considérer les nucléons comme des objets élémentaires. Ce seront nos briques de base pour la construction des noyaux atomiques.

Assemblage

Tous les noyaux existants sont un assemblage d'un nombre entier de Z protons et d'un nombre entier de N neutrons. On appelle nombre de masse la somme des nucléons A = Z + N. Le noyau grossit avec sa masse A (mais sa taille demeure néanmoins de l'ordre de quelques fermis). La taille d'un noyau peut varier entre 1,2 fm pour le proton seul (c'est le noyau d'hydrogène, le plus petit avec A = 1) jusqu'à 7,2 fm pour le noyau de plomb (qui comprend 208 nucléons). Sa charge électrique est positive et vaut celle des ses protons (+ Ze). Par conséquent, dès qu'il le peut, il s'habille systématiquement de l'équivalent en charge négative (il capture donc Z électrons) pour se présenter comme électriquement neutre. Il forme alors l'atome tel qu'on le connaît. Les éléments naturels sont généralement repérés par le nombre Z de protons de leur noyau, car leurs propriétés chimiques, dictées par leurs niveaux électroniques, sont alors très similaires. C'est pourquoi D. Mendeleïev a proposé de les classer selon ce nombre Z croissant dans son fameux tableau périodique.

L'atome le plus léger est l'hydrogène (Z = 1, N = 0, A = 1) et le plus lourd l'uranium (Z = 92, N = 146, A = 238). Deux atomes ayant le même nombre de protons Z, mais pas le même nombre de neutrons N sont dits *isotopes*. Par exemple l'uranium 235 (Z = 92, N = 143, A = 235) est un isotope de l'uranium 238 dont le noyau possède 3 neutrons de plus. Il faut garder à l'esprit que les orbitales électroniques (voir encadré) s'étendent très loin du noyau lui-même (jusqu'à plus de 100 pm, c'est-à-dire 100 000 fm)[1]. L'électron ne « voit » du noyau que sa charge électrique globale. La masse d'un électron étant environ 1837 fois plus petite que celle d'un proton (ou d'un neutron), la masse d'un atome est pratiquement égale à celle de son noyau central. La matière est donc essentiellement composée de vide[2].

1. Pour se faire une idée des échelles, le noyau dans un atome est comme un petit pois placé au centre d'un stade de foot.

2. En 1911, en bombardant une mince feuille d'or avec des particules d'hélium, Ernest Rutherford a eu la surprise de constater que les particules traversaient la feuille sans être déviées, sauf quelques-unes d'entre elles (une pour 8000) qui rebondissaient littéralement sur les noyaux d'or. Notre vision actuelle de la matière découle directement de cette expérience.

LES ORBITALES ÉLECTRONIQUES

Le mouvement des électrons autour du noyau atomique est représenté non pas par des orbites bien précises (comme le mouvement d'un satellite autour de la Terre) mais par des orbitales qui indiquent plutôt une probabilité de présence à un endroit donné. Ces orbitales électroniques sont dits atomiques s'il s'agit d'atomes ou moléculaires dans le cas de molécules comportant des liaisons chimiques liant plusieurs atomes précisément grâce à ces électrons périphériques. L'ensemble des orbitales forment la structure électronique des atomes. Elles sont réparties en couches d'énergies distinctes elles-mêmes subdivisées en sous-couches.

Stabilité

Malgré l'interaction forte, les assemblages de valeurs entières de Z protons et de N neutrons ne sont pas tous stables, loin s'en faut. Par exemple, deux protons ne peuvent coexister seuls dans un même noyau ; en revanche, si on leur rajoute un neutron, le ménage à trois (2 p + 1 n) devient un noyau d'hélium 3 stable. D'une manière générale, il faut ; pour que le noyau soit stable, avoir quasiment autant de neutrons que de protons. L'excès de protons ou l'excès de neutrons rend automatiquement l'édifice instable. Le fait que les protons se repoussent électromagnétiquement fait que, pour les Z élevés, l'édifice est en réalité plus stable avec un léger excédent de neutrons ($N \geq Z$). Les physiciens nucléaires ont l'habitude de distinguer les noyaux atomiques en les positionnant dans un diagramme (Figures 1.2 et 1.3), l'abscisse représentant le nombre de neutrons et l'ordonnée le nombre de protons. Le domaine de stabilité se définit dans le plan (N, Z) par des carrés très proches de la bissectrice $Z = N$. Dès que l'on s'éloigne du domaine de stabilité (on l'appelle *vallée de stabilité* car elle correspond à un minimum d'énergie), le noyau commence à devenir instable. Il est alors radioactif et se désintègre en émettant une particule, de telle sorte qu'il puisse se transformer en un noyau plus stable (le plus souvent un rayonnement bêta ou alpha, mais d'autres particules peuvent être également émises). Par cette transformation, il cherchera à rejoindre la vallée de stabilité.

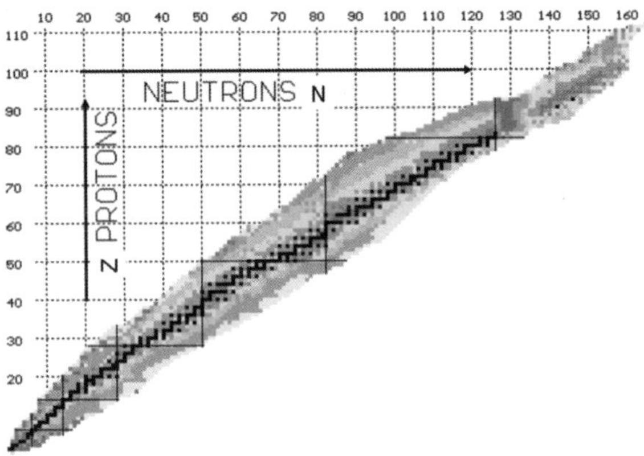

Figure 1.2 | Carte des noyaux atomiques. Les noyaux stables ou à très longue durée de vie (petits carrés noirs) s'alignent le long de la vallée de stabilité. Tous les autres noyaux sont radioactifs. Ils le sont d'autant plus que l'on s'éloigne de la stabilité.

20			Ca 34	Ca 35	Ca 36	Ca 37	Ca 38	Ca 39	Ca 40	Ca 41	Ca 42	Ca 43	Ca 44	Ca 45	Ca 46	Ca 47	Ca 48	Ca 49	Ca 50
19			K 33	K 34	K 35	K 36	K 37	K 38	K 39	K 40	K 41	K 42	K 43	K 44	K 45	K 46	K 47	K 48	K 49
18	Ar 30	Ar 31	Ar 32	Ar 33	Ar 34	Ar 35	Ar 36	Ar 37	Ar 38	Ar 39	Ar 40	Ar 41	Ar 42	Ar 43	Ar 44	Ar 45	Ar 46	Ar 47	Ar 48

Figure 1.3 | Zoom de la carte sur la région du potassium K (Z = 19).

L'émission de ce rayonnement se fait aléatoirement (c'est un phénomène quantique, voir encadré) avec une certaine probabilité d'occurrence au cours du temps (un peu comme un tirage de loto). On sait pertinemment qu'un noyau radioactif se désintégrera à un moment donné, mais l'on ne sait pas dire à l'avance à quel instant précis il le fera. À chaque noyau radioactif sera associé un temps de vie moyen. Le temps pour lequel un noyau radioactif a 50 % de chances de se désintégrer est appelé demi-durée de vie (ou demi-vie). La demi-vie d'un noyau est d'autant plus courte qu'il se trouve loin de la vallée de stabilité (et par conséquent très instable).

LES PHÉNOMÈNES QUANTIQUES

Au début du XXe siècle, les physiciens emmenés par Niels Bohr ont montré que les électrons dans l'atome ne pouvaient se positionner que dans des états d'énergie bien déterminés. Le passage d'un état à un autre se fait par des sauts d'énergie discrets appelés quantum. C'est le début d'une véritable révolution en physique qui mènera à l'établissement de la mécanique quantique.

Prenons par exemple l'élément potassium pour lequel Z = 19. Il existe trois isotopes naturels du potassium correspondant aux trois nombres de masse A = 39, A = 40 et A = 41. Cependant, les physiciens sont arrivés à fabriquer en laboratoire des noyaux isotopiques de potassium allant de 14 neutrons (^{33}K) à 35 neutrons (^{54}K). Les deux seuls noyaux stables de potassium sont le ^{39}K (N = Z + 1 = 20) et le ^{41}K (N = Z + 3 = 22), très proches de N = Z (remarquons que pour Z = 19, les noyaux stables commencent tout juste à s'écarter de la bissectrice). Le potassium 40, noté ^{40}K, bien que positionné entre deux noyaux stables, est instable. Il fait preuve néanmoins d'une grande longévité (sa demi-vie est de 1,28 milliards d'années). L'instabilité du ^{40}K est due à un effet quantique d'appariement de ses protons et de ses neutrons. Ainsi, un noyau pair-pair (nombre pair de protons et nombre pair de neutrons) est légèrement plus stable qu'un noyau pair-impair, lui-même plus stable qu'un noyau impair-impair. Le potassium ayant un Z impair, seuls les noyaux ^{39}K et ^{41}K (N pairs) sont stables alors que les ^{40}K et ^{42}K (N impairs) sont instables. Plus l'on s'éloigne de la stabilité, plus les noyaux ont des durées de vie courtes. À l'extrême, le noyau ^{33}K contenant trop peu de neutrons, disparaît en 31 ms. À l'autre extrême, le ^{54}K, avec 16 neutrons de plus que de protons, possède une demi-vie de 10 ms. Mais les noyaux plus proches de la stabilité vivent plus longtemps : le ^{42}K perdure pendant 12,46 heures et le ^{43}K 22,2 heures. Signalons que le potassium radioactif ^{40}K présent sur terre est hérité du potassium fabriqué dans les étoiles lors de la nucléosynthèse stellaire et que sa très longue durée de vie (comparable à celle du système solaire) fait que l'on en trouve encore aujourd'hui

0,0117 % dans le potassium naturel (qui contient par ailleurs 93,2581 % de ^{39}K et 6,7302 % de ^{41}K). Notre corps contient sous forme essentiellement intracellulaire environ 165 g de potassium, ce qui fait que nous renfermons environ 20 mg de potassium ^{40}K radioactif (qui contribue à la radioactivité interne de notre corps pour près de 5000 Bq[1]).

Nucléosynthèse primordiale

Durant les 1 000 premières secondes qui suivent l'explosion primordiale (le Big Bang), des protons et des neutrons se forment dans l'univers encore très chaud. Les premiers protons, noyaux d'hydrogène, en feront le noyau atomique le plus répandu, représentant 74 % de l'ensemble des noyaux atomiques. À la suite de chocs successifs entre protons et neutrons, des noyaux de Deutérium (^{2}H ou D) sont créés (1 %), assemblant un proton et un neutron liés par l'interaction forte. Ensuite, se formeront des noyaux d'hélium, ^{4}He (25 %) et quelques rares noyaux d'hélium 3 (^{3}He) et de lithium ^{7}Li. Au bout de quelques heures, l'univers se refroidissant vite, il n'y a plus assez de chocs pour pouvoir former d'autres noyaux.

Nucléosynthèse stellaire

L'univers en expansion se refroidit, mais la matière, sous l'action de la force d'attraction gravitationnelle, a tendance à se regrouper. Par accrétion de la matière, des étoiles se forment, contenant principalement de l'hydrogène. Le gaz dans les étoiles s'échauffe progressivement jusqu'à atteindre une dizaine de millions de degrés déclenchant alors le mécanisme de fusion (voir encadré).

1. Cette quantité, directement proportionnelle à la quantité de potassium, varie selon les individus de 4200 Bq à 5600 Bq.

LA FUSION NUCLÉAIRE

Si l'on rapproche deux noyaux atomiques légers suffisamment près l'un de l'autre, ils peuvent fusionner pour n'en former qu'un seul. Les liaisons intranucléaires du noyau formé étant plus importantes que celles des noyaux initiaux, ce processus dégage de l'énergie nucléaire. C'est ce processus qui est à l'œuvre dans les étoiles comme notre soleil et qui les fait briller.

La fusion de l'hydrogène dans les étoiles produira, par réactions nucléaires, de l'hélium avec un important dégagement global d'énergie (certaines réactions du cycle dit proton-proton seront détaillées au chapitre 10). L'étoile se trouve alors en équilibre entre la pression de radiation (pression exercée sur une surface par le rayonnement électromagnétique) due à l'énergie dégagée (qui a tendance à la faire grossir) et l'attraction par gravitation. Elle brille. Dès que sa température atteint les 100 millions de degrés ($T > 10^8$K), une nouvelle réaction plutôt rare peut se produire : la fusion simultanée de 3 noyaux d'hélium qui forme un nouveau noyau, inconnu jusqu'alors, le carbone (carbone 12). Notre Soleil, ne contenant pas suffisamment d'hydrogène, s'arrêtera au bout de quelque 10 milliards d'années d'existence à ce stade avant de finir sa vie en naine blanche. En revanche, les étoiles plus massives (supérieures à dix fois la masse du Soleil) pourront continuer à fusionner leurs noyaux de carbone (dans un cycle dit carbone-azote-oxygène ou CNO) pour produire des éléments plus lourds que le carbone, jusqu'au fer (^{56}Fe). Au-delà du fer, la fusion des noyaux commence à être endothermique et ne peut plus avoir lieu[1]. À ce stade, une fois que l'étoile aura consommé tout son combustible, elle ne fournira plus d'énergie par fusion nucléaire.

1. Quelques réactions nucléaires peuvent, par capture neutronique, produire des noyaux plus lourds que le fer au cours de la nucléosynthèse stellaire. Mais leur taux de production est relativement faible.

Supernova (Figure 1.4)

Avec l'arrêt de la fusion, la pression de radiation disparaît. Plus rien ne retient alors l'étoile contenant du fer, qui s'effondre sur elle-même par gravitation jusqu'à atteindre une densité absolument phénoménale (en fait, elle atteint probablement la densité maximale possible, qui est celle des noyaux eux-mêmes, soit $2{,}3 \times 10^{17}$ kg/m^3). Ne pouvant s'effondrer davantage, elle explose, libérant d'un coup une énorme quantité d'énergie. Cette explosion de supernova va permettre de fournir aux noyaux l'énergie nécessaire pour fabriquer tous les éléments lourds (bien au-delà du fer, jusqu'à l'uranium, et même au-delà). Étonnamment, ce qui n'a pu se produire pendant les milliards d'années où l'étoile a flambé va s'accomplir au cours de cet événement cataclysmique. Parmi les noyaux formés, ils s'en trouvent plusieurs instables, en particulier tous ceux qui sont plus lourds que l'uranium. Ceux-là vont progressivement disparaître avec leur durée de vie radioactive. Quant aux noyaux d'uranium, bien qu'également instables, il en subsiste encore aujourd'hui car leur durée de vie se chiffre en milliards d'années (en centaines de millions d'années pour l'isotope 235). On peut donc dire que c'est grâce à l'explosion d'une supernova que nous sommes en mesure aujourd'hui d'utiliser notre énergie nucléaire sur terre. La présence d'uranium sur terre est un don du ciel.

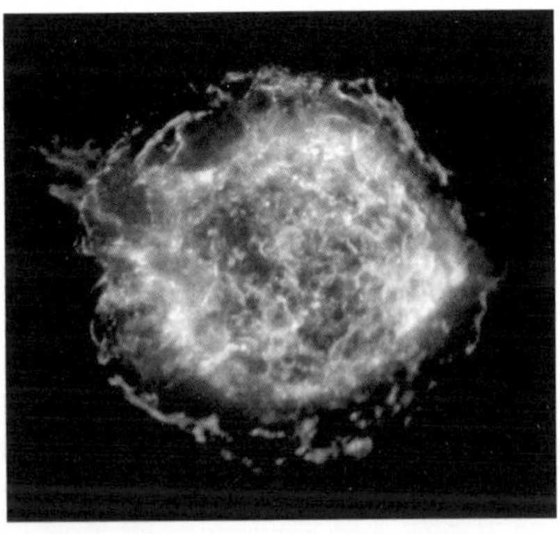

Figure 1.4 | Rémanent de la supernova SN1572 dont l'explosion fut observée à l'œil nu par Tycho Brahe en novembre 1572 dans la constellation de Cassiopée. (Photographie aux rayons X prise par le télescope spatial Chandra.)

L'ÉNERGIE DE LIAISON : UNE ÉNERGIE COLOSSALE

Liaison entre nucléons

L'interaction forte fait que, plus il y a de nucléons dans un noyau, plus son énergie de cohésion est élevée. L'énergie de cohésion totale d'un noyau est, au premier ordre, quasiment proportionnelle à son nombre de nucléons A. Sur la Figure 1.5, nous avons représenté l'énergie totale de cohésion (ramenée par nucléon) pour tous les noyaux stables. On remarque qu'à partir de A = 11, cette valeur varie typiquement entre 7 et 8,8 MeV/A[1]. Pour les faibles masses, elle a d'abord tendance à augmenter jusqu'au fer (^{56}Fe) pour ensuite décroître très lentement jusqu'à atteindre 7,6 MeV/A pour l'uranium (^{238}U). Le fer est par conséquent le noyau le plus stable. C'est la raison pour laquelle les noyaux plus lourds que le fer ne se forment quasiment pas lors de la nucléosynthèse stellaire et qu'il faut attendre une explosion de supernova pour pouvoir en trouver. Toutes les fois qu'un nucléon est rajouté à un noyau, une énergie très importante (allant de 7 à 8,8 MeV) est libérée. Cette énergie dite nucléaire représente une très grande quantité d'énergie (voir ci-après l'encadré sur les unités et la Figure 1.6). À l'inverse, il faudra fournir cette énergie si l'on souhaite arracher un neutron ou un proton à un noyau.

1. L'unité d'énergie couramment utilisée en physique nucléaire est le Mégaélectronvolt, soit le million d'électronvolt. 1 eV vaut $1{,}6 \times 10^{-19}$ J, donc 1 MeV = $1{,}6 \times 10^{-13}$ J = 0,16 pJ.

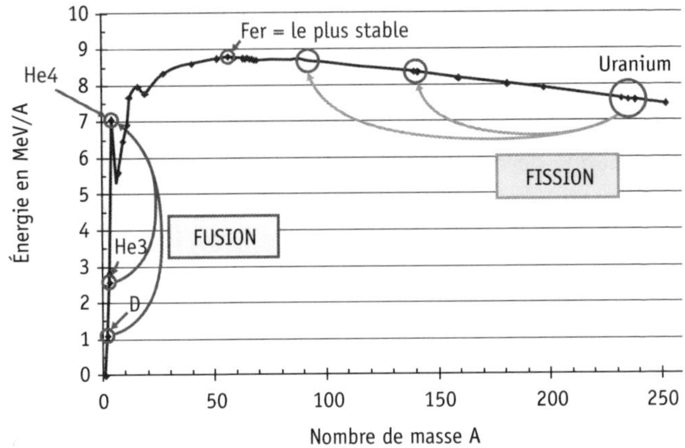

Figure 1.5 | Énergie totale de cohésion des noyaux atomiques ramenée par nucléon. Plus cette valeur est grande, plus le noyau correspondant est stable. La fusion de deux noyaux légers libère de l'énergie car le noyau d'hélium formé est plus stable. De même, la scission d'un noyau lourd d'uranium en deux noyaux de masse moyenne libérera environ 1 MeV par nucléon.

Figure 1.6 | L'énergie nucléaire permet de libérer une très grande quantité d'énergie à partir d'une petite quantité de matière. Cette petite pastille d'uranium de 7,55 grammes[1] peut fournir dans un réacteur nucléaire autant d'énergie que 5 barils de pétrole, ou 12 pleins d'essence (soit 8,5 MWh).

1. Remarquez sur la photo que l'uranium (ici sous forme d'oxyde) peut se manipuler sans risque radiologique majeur à main nue.

Énergie de fusion

Si l'on approche un neutron d'un proton très près l'un de l'autre, ils s'attirent et peuvent fusionner pour former un noyau de deutérium. L'énergie de cohésion du deutérium est de 2,224 MeV, c'est-à-dire de 1,112 MeV par nucléon (voir Figure 1.5). Cette énergie est libérée lors de la fusion du neutron et du proton. De manière identique, un deutérium peut fusionner avec un proton et produire un noyau d'^{3}He, isotope de l'hélium composé de deux protons et d'un neutron, en libérant de l'énergie. On peut également relever sur la Figure 1.5) que l'énergie de cohésion de l'^{3}He est de 3 × 2,573 MeV soit 7,718 MeV). Remarquons que celle de l'^{4}He, isotope quasi-exclusif de l'hélium, est nettement plus élevée (4 × 7,074 = 28,296 MeV), phénomène dû à un effet quantique d'un double appariement de ses deux protons et de ses deux neutrons. Le noyau d'hélium 4 est donc d'une extraordinaire stabilité. Si l'on arrive à fusionner deux noyaux d'^{3}He pour former un noyau d'^{4}He, on libérerait ainsi la différence en énergie de cohésion soit (28,296 MeV – 2 × 7,718 MeV = 12,86 MeV). Ce sont précisément ces réactions thermonucléaires qui sont à l'œuvre dans les étoiles, notamment à l'intérieur de notre soleil, et qui entretiennent la source permanente d'énergie qui fait briller l'étoile.

LES UNITÉS : L'EV, LE KEV, LE MEV

L'unité d'énergie officielle est le Joule. À l'échelle atomique, on utilise l'électronvolt qui vaut 1 eV = 1,6 × 10^{-19} J, et ses unités dérivées :
1 MeV = 1 000 keV = 1 000 000 eV.
Il existe aussi le kilowhatt-heure (kWh) et la tonne d'équivalent pétrole (tep) :
1 kWh = 3,6 MJ
1 tep = 11 666 kWh = 42 GJ
Il faut 4,18 J (1 calorie) pour augmenter la température d'1 g d'eau d'un seul degré Celsius.

Exemple :
Porter à ébullition une casserole d'eau : 0,1 kWh
Faire un kilomètre en voiture : 1 kWh
Dépense énergétique d'un être humain (pour simplement vivre) : 2,5 kWh/jour
Ballon d'eau chaude de 200 litres : 3 MWh/an
Besoins énergétiques moyens d'un français: 140 kWh/jour soit 4 Mtep/an
Consommation mondiale : 13 300 Mtep en 2010.

Le coût énergétique d'un MWh est d'environ 100 €.

Les réactions chimiques (énergie de liaison des électrons périphériques) produisent (ou consomment) environ 1 à 10 eV par atome, soit 10^5 à 10^6 J/mole.
Les réactions nucléaires (énergie de liaison des nucléons) produisent (ou consomment) environ 1 à 10 MeV par atome, soit 10^{11} à 10^{12} J/mole, c'est-à-dire 1 million de fois plus.
La fission d'un atome d'uranium dégage 200 MeV d'énergie soit 32 pJ/fission.

LA FISSION NUCLÉAIRE

À l'inverse de la fusion nucléaire qui consiste à fondre dans un même noyau deux noyaux légers, la fission consiste à casser un noyau lourd en deux (Figure 1.7). Pourquoi cela libérera-t-il également de l'énergie ? Tout simplement parce que nous avons vu qu'au-delà du fer, l'énergie de liaison des nucléons, quoique toujours importante, avait tendance à décroître. Les nucléons de l'uranium 235 ont une énergie de liaison de 7,591 MeV/A (ce qui fait une énergie totale de cohésion de 235 × 7,591 = 1783,88 MeV). Si on casse l'uranium 235 en deux noyaux plus légers (appelés fragments de fission), qui ont des nombres de masse autour de 90 à 130, la somme de leur énergie de cohésion va être plus élevée que celle de l'uranium de départ, car elle sera en moyenne de 8,5 MeV par nucléon. La fission de l'uranium libérera donc (8,5 – 7,6 = 0,9 MeV) par nucléon, ce qui, pour 235 nucléons, fait un total d'environ **200 MeV**. C'est une quantité d'énergie colossale pour un seul atome. De plus, lors de la césure, les deux fragments formés ont généralement un excédent de neutrons (on a vu précédemment que, pour rester dans la vallée de stabilité, les masses élevées avaient tendance à avoir un léger surpoids en neutrons). Pour redescendre dans la vallée, les fragments plus légers auront à cœur de s'alléger du surpoids en neutrons. La fission s'accompagne donc de l'émission de quelques neutrons (deux ou trois), qui nous seront extrêmement utiles, comme on le verra par la suite.

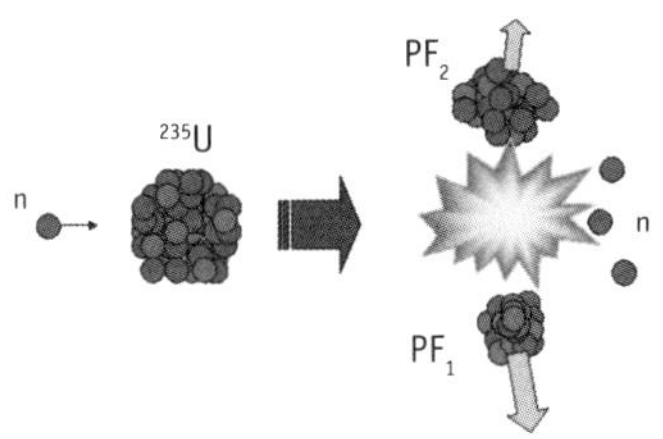

Figure 1.7 | L'absorption d'un neutron par un atome d'uranium 235 entraîne sa fission en deux fragments. Les deux produits de fission sont éjectés emportant des énergies colossales (entre 70 et 100 MeV). Le processus de fission s'accompagne de l'émission de deux ou trois neutrons.

2

La radioactivité

> *« Pour l'amour du Christ, Soddy, n'appelle pas cela de la transmutation. Ils nous couperont la tête en nous traitant d'alchimistes. »*
> Réponse d'Ernest Rutherford à Frederick Soddy qui, en 1901, venait de réaliser que du thorium pouvait se transformer spontanément en radium.

La radioactivité est un phénomène lié à l'émission d'un rayonnement généralement invisible à l'œil humain qui accompagne la transformation d'un noyau atomique instable. C'est en quelque sorte une forme d'alchimie car un atome se trouve soudainement transformé en un autre qui présente une forme physique ou chimique radicalement différente.

LE TEMPS DE VIE D'UN ATOME RADIOACTIF

Un noyau instable aura tendance à se désintégrer pour s'approcher de la vallée de stabilité par deux modes principaux qui libèrent de l'énergie, car le noyau résultant est plus stable :

- l'émission d'un noyau d'hélium (radioactivité α), généralement lorsque le noyau est trop lourd (typiquement pour les noyaux plus lourds que le plomb) ;

– la transformation d'un neutron en proton (radioactivité β^-) ou d'un proton en neutron (radioactivité β^+)[1] lorsqu'il y excès de l'un de ces deux types de nucléons.

Une partie de l'énergie est emmenée par la particule émise lors de la transformation radioactive (noyau d'hélium pour la radioactivité alpha, électron ou positron dans le cas de la radioactivité bêta). Mais, en règle générale, l'autre partie de l'énergie est dévolue au noyau formé, qui se trouve être dans un état nucléaire énergétiquement excité. Il peut alors perdre son énergie excédentaire en émettant un photon. C'est la radioactivité γ, qui accompagne presque systématiquement les deux radioactivités précédemment citées alpha et bêta. Si le noyau obtenu est lui-même instable, il sera radioactif et se transformera à nouveau en un troisième noyau. On peut ainsi obtenir, à partir d'un noyau initial de départ, la formation successive de toute une série de noyaux radioactifs jusqu'à finalement aboutir à un noyau stable. On parle alors d'une chaîne de décroissance radioactive.

Ces processus de transformation se font spontanément. Ils se produisent également d'une manière aléatoire, selon les règles édictées par la mécanique quantique. Ainsi, à tout instant, chaque noyau instable possède une certaine probabilité de se désintégrer, sans que l'on sache précisément à quel moment précis il le fera. Mais ce que nous pouvons prédire, c'est la probabilité qu'il le fasse en un temps donné. Il peut varier de quelques µs[2] à 10^{19} ans (il a été récemment montré que le bismuth ^{209}Bi que l'on pensait être stable, ne l'était pas en réalité, mais qu'il avait une durée de vie de $1{,}6 \times 10^{19}$ ans[3]).

1. La transformation d'un proton en neutron étant énergétiquement défavorable, elle se fait quelquefois par la capture d'un électron périphérique. Cette capture électronique est équivalente à une radioactivité β^+.

2. Une microseconde (µs) vaut un millionième de seconde.

3. Le bismuth est un élément qui possède seulement un proton de plus que le plomb. Il était considéré comme stable jusqu'à ce qu'une équipe française de l'Institut d'astrophysique spatiale ait réussi à mesurer sa période radioactive (P. de Marcillac *et al.*, *Nature*, 224, avril 2003).

DÉCROISSANCE RADIOACTIVE

Bien que l'on ne sache précisément prédire l'instant précis de la transformation radioactive, si l'on considère un très grand nombre d'atomes radioactifs N_0 du même noyau, nous pouvons statistiquement calculer le nombre moyen d'atomes qui se seront désintégrés à tout instant t. Notant la période radioactive $\tau = \tau_{1/2}/\text{Log } 2$, le nombre d'atomes non désintégrés restants sera égal à : $N = N_0 e^{-t/\tau}$. De telle sorte, nous savons qu'au bout d'une demi-vie $\tau_{1/2}$, la moitié des atomes se seront désintégrés (Figure 2.1).

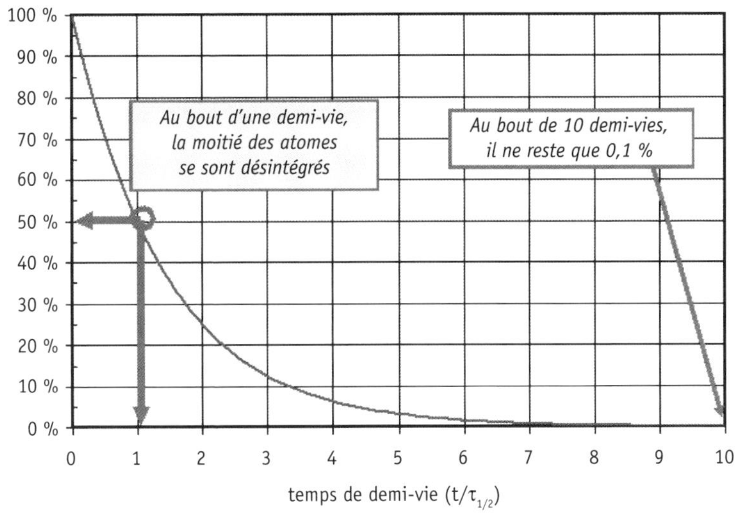

Figure 2.1 | Nombre de noyaux radioactifs restants après une durée de temps t. Au bout d'une demi-vie, la moitié des atomes se sont désintégrés. Au bout de dix demi-vies, seul un atome sur mille subsiste.

Comme dans quelques grammes de matière (une masse molaire), il y a une énorme quantité d'atomes (le fameux nombre d'Avogadro $N = 6{,}022 \times 10^{23}$ atomes), même si une très faible fraction d'entre eux se désintégrait, cela fera tout de même beaucoup de Becquerels (voir encadré).

LE BECQUEREL ET LE CURIE

Le nombre de désintégrations par seconde est, par définition, l'unité de mesure de la radioactivité. C'est le **Becquerel** (noté Bq). Un Becquerel correspond donc à un atome se transformant chaque seconde. *Le Becquerel, unité officielle, est donc une unité de mesure très fine et très petite (1 Bq = un atome se désintégrant chaque seconde). Historiquement, on a plutôt utilisé le* ***Curie*** *(1 Ci = 3,7 10^{10} Bq = 37 milliards de désintégrations par seconde), unité plus consistante pour désigner une source radioactive.*
Pour schématiser, on peut dire qu'une source d'un Curie est vraiment *radioactive, alors qu'une source d'un Becquerel peut être tout bonnement ignorée.*

L'**activité** A d'une source radioactive de masse m, de masse molaire M, se mesure donc en nombre de désintégrations par seconde (c'est-à-dire en Bq), par la relation suivante :

$$A = \frac{N_0}{\tau} = \frac{(mN/M)}{\tau}$$

À titre d'exemple, prenons un gramme d'uranium naturel. Il se compose de trois isotopes l'uranium 234 (à 0,0053 %), l'uranium 235 (à 0,7114 %) et l'uranium 238 (à 99,2833 %) de demi-vies respectives 245 mille, 704 millions et 4,5 milliards d'années. L'activité se calcule comme la somme des activités de ces trois isotopes, soit A = 12 226 + 569 + 12 350 = 25 444 Bq/g. C'est une activité considérée comme faible (correspondant à 0,68 µCi). Il faudrait environ 1,5 tonnes d'uranium naturel pour faire l'équivalent de 1 Ci ! On peut donc manipuler de l'uranium naturel (ou même enrichi) avec les mains sans grand risque radiologique (on peut d'ailleurs constater sur la Figure 1.6 que cela est effectivement le cas). Notons que l'uranium 234, bien qu'en quantité infime (0,0053 %), possède une radioactivité égale à celle de l'uranium 238, qui compose pourtant

99,28 % de notre morceau d'uranium ! Ceci parce que sa demi-vie n'est que de 245 000 ans, soit 18 000 fois moins que celle de l'uranium 238. D'une manière générale, il faut retenir que ***plus la période est longue, moins la radioactivité est importante*** (Figure 2.2). Cette caractéristique est essentielle à garder à l'esprit, surtout lorsque l'on parlera par la suite des déchets radioactifs. Plus leur durée de vie sera longue, moins ils seront dangereux. Ce sont les déchets dont la période est la plus courte qui sont les plus radioactifs. Plus nocifs, ils auront cependant l'avantage (si l'on peut dire) de disparaître plus rapidement. Signalons au passage qu'un minerai d'uranium possède une radioactivité bien plus importante que l'élément uranium isolé (environ huit fois plus). Ce surcroît de radioactivité est dû aux descendants dans la chaîne de décroissance de l'uranium, dont le fameux gaz radon, qui a tendance à être très mobile et même à s'échapper dans l'atmosphère. D'ailleurs, la radioactivité de l'air au niveau du sol est principalement due à ce radon. Cependant, comme l'uranium n'est présent qu'à hauteur de quelques pourcents en masse dans le minerai, l'activité résultante globale d'un minerai sera généralement plus faible que celle de l'uranium pur ($A \sim 2\,000$ Bq/g pour un minerai contenant 1 % d'uranium). La majeure partie (75 %) de cette radioactivité restera dans les résidus miniers après extraction (lors de la séparation de l'uranium, le gaz radon s'échappe, mais tous les autres éléments radioactifs de la chaîne subsistent dans les résidus). L'uranium est l'un des principaux responsables de la radioactivité naturelle tellurique des roches. Sa décroissance radioactive est également à l'origine de la majeure partie de l'énergie interne de la Terre (voir encadré). L'élément uranium se trouve naturellement présent à hauteur de 1 à 3 ppm en poids dans la croûte terrestre (voir chapitre 6). Par conséquent, chaque mètre cube de terre (y compris celle de votre jardin) contiendra une radioactivité d'un million de Becquerels !

L'ÉNERGIE INTERNE DE LA TERRE

La découverte de la radioactivité au début du XXe siècle a permis de résoudre un conflit entre physiciens et géologues. Considérant le gradient thermique mesuré à la surface de la Terre, les physiciens, emmenés par Lord Kelvin, avaient estimé l'âge de notre planète à moins de 100 millions d'années en assimilant la Terre à une simple boule qui se refroidissait par rayonnement. Cette durée paraissait en contradiction flagrante avec les observations issues des roches sédimentaires et des paléontologues. Ernest Rutherford a concilié tout le monde en indiquant que la radioactivité pouvait prodiguer une source de chaleur continue à la Terre, source non prise en compte dans le calcul de Kelvin. Ce sont d'ailleurs des mesures de radioactivité des roches et des météorites qui dévoilèrent plus tard une estimation plus précise de l'âge de la Terre : 4,55 milliards d'années.

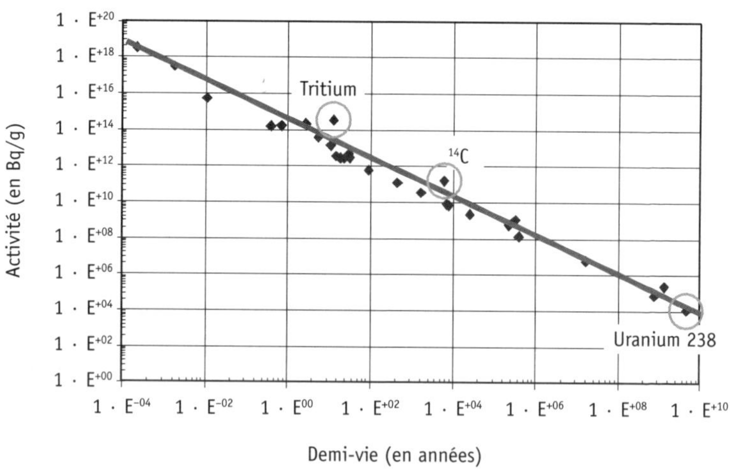

Figure 2.2 | Plus la période est courte, plus le rayonnement est intense ! Les noyaux dont la période radioactive est grande émettent peu de rayonnements. C'est le cas de l'uranium. Le carbone 14 est un isotope radioactif du carbone qui possède une demi-durée de vie de 5 730 ans. Le tritium est un isotope de l'hydrogène qui a une durée de vie de 12,3 ans. Il est donc très radioactif.

LES RAYONNEMENTS ALPHA, BÊTA ET GAMMA (α, β ET γ)

Nous avons vu qu'un noyau radioactif avait plusieurs moyens à sa disposition qui lui permettaient de rejoindre la vallée de stabilité. Chaque mode possible de désintégration va correspondre à un type de radioactivité différent.

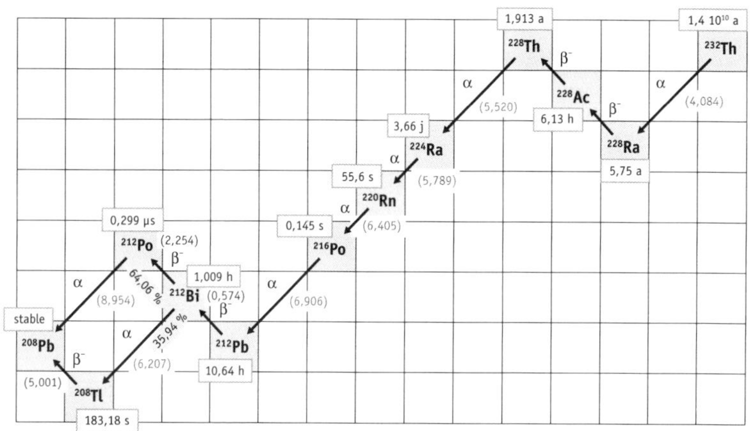

Figure 2.3 | Exemple de la chaîne de désintégration du thorium. Elle comprend six désintégrations alpha et quatre désintégrations bêta avant d'aboutir au plomb. Tous les éléments intermédiaires sont en permanence en équilibre avec l'élément père (le thorium). Notez la présence dans la chaîne de l'isotope 220 du gaz radon.

Radioactivité α

Lorsque le noyau est trop lourd, le mode préféré de désintégration sera l'émission d'un noyau d'hélium (noté alpha, α) comprenant deux protons et deux neutrons fortement liés. Il s'allège ainsi d'un seul coup de 4 masses atomiques. C'est le cas de la grande majorité des éléments au-delà du plomb. Généralement, le noyau résultant (fils du précédent) est lui-même radioactif. Le processus continue donc ainsi jusqu'à finalement atteindre un élément stable comme le plomb. On parle alors de chaînes de désintégrations radioactives, dont les plus connues sont celles de l'uranium 238, de l'uranium 235 et du ^{232}Th (les trois éléments radioactifs à durée de vie très longue présents sur terre, Figure 2.3). La chaîne de l'uranium 238 finit en plomb 206, celle de l'uranium 235 en ^{207}Pb et celle du thorium 232 en plomb 208. L'énergie de liaison est en règle générale principalement emportée par la particule alpha (de 4 à 6 MeV), la désintégration s'accompagnant d'émission de rayons X ou gamma de relativement faible énergie (< 200 keV).

Radioactivité β

Lorsqu'un noyau possède un excès de neutrons, il cherchera à transformer l'un de ses neutrons en un proton. C'est la radioactivité dite bêta moins β^-, accompagnée d'une émission d'électron. L'électron emportera avec lui une énergie continûment variable entre zéro et la différence d'énergie de liaison entre le noyau initial radioactif et le noyau final (l'autre partie de l'énergie est distribuée entre le noyau final et le neutrino accompagnant systématiquement cette désintégration – voir encadré). À titre d'exemple, le cobalt ^{60}Co, de période 5,271 ans, utilisé dans de nombreuses sources radioactives, se transforme en nickel ^{60}Ni (stable) par décroissance β^-. L'énergie moyenne des électrons émis est de 95,8 keV, le maximum étant de 317,9 keV. Le noyau de nickel est formé à 99,9 % dans un état énergétiquement excité. Il retombe quasi instantanément dans son état fondamental par radioactivité γ, en émettant deux photons successifs d'énergie 1 173 keV et 1 332 keV. Ces deux raies d'émission gamma sont caractéristiques de la décroissance du ^{60}Co et signent donc sur un spectromètre gamma la présence de ce noyau radioactif.

LE NEUTRINO

C'est une particule élémentaire inventée en 1930 par W. Pauli précisément pour satisfaire le principe de la conservation de l'énergie lors d'une désintégration bêta. Cette particule sans charge, sans couleur et quasiment sans masse n'interagit presque pas avec la matière, ce qui fait que son existence ne fut expérimentalement confirmée que bien plus tard, en 1956, auprès d'un réacteur nucléaire.

Si, à l'inverse, le noyau possède un excès de protons, il transformera alors l'un de ses protons en un neutron. C'est la désintégration bêta plus (β^+), accompagnée cette fois de l'émission d'un positron (antiparticule de l'électron notée e^+) qui emporte également avec lui une énergie continûment variable comprise entre une vitesse minimale et la différence d'énergie de liaison. Un exemple est le fluor ^{18}F, de demi-vie 1,829 heure, qui se transforme en oxygène ^{18}O, en émettant des positrons ayant une énergie pouvant atteindre 633,5 keV. Associé à du glucose, ce fluor radioactif est utilisé en imagerie nucléaire comme marqueur de cellules cancéreuses. Lors de la radioactivité β^+, le positron émis s'annihile avec un électron environnant en émettant deux photons égaux à leur énergie de masse (511 keV). En utilisant des détecteurs appropriés, une image des photons émis à cette énergie dans des directions opposées peut être reconstituée. Elle montrera une accumulation des marqueurs radioactifs dans les cellules cancéreuses, celles-ci ayant besoin de davantage d'énergie que les cellules saines[1].

Radioactivité γ

Lorsqu'un noyau se trouve dans un état quantique excité, il se désexcite vers un état d'énergie plus basse en émettant un photon ayant une énergie correspondant à la différence d'énergie des deux niveaux. L'émission de ce photon est appelée rayonnement gamma (c'est l'équivalent du rayonnement X émis lors d'une désexcitation électronique). Les deux rayonnements électromagnétiques X et γ sont tout à fait similaires (ce sont des photons) mais le rayonnement γ issu du noyau est généralement plus énergétique. Toutes les désintégrations radioactives (qu'elles soient α, β ou par fission) sont généralement accompagnées de rayonnement gamma. Les raies gamma obtenues sont fines et caractéristiques du noyau radioactif. On parle alors d'un spectre d'émission gamma (voir l'exemple du cobalt ^{60}Co ci-dessus).

1. Cette radioactivité est à la base de l'imagerie par Tomographie à émission de positons (TEP), que l'on trouve maintenant couramment dans les services de médecine nucléaire des hôpitaux.

Autres formes de radioactivité

Un noyau hors d'équilibre dispose d'autres moyens, bien que plus rares que ceux décrits précédemment, pour se débarrasser de son excès d'énergie. Outre la fission spontanée (le californium ^{252}Cf est un élément radioactif qui peut fissionner spontanément à 3,09 %, il est de ce fait utilisé comme source de neutrons), citons la capture électronique (le noyau capture l'un de ses propres électrons) et la conversion interne (le noyau excité transfère une partie de son énergie à l'un des électrons présents). Il existe également quelques noyaux très exotiques qui peuvent se désintégrer par émission directe d'un neutron ou d'un proton.

COMMENT SE PROTÉGER DES RAYONNEMENTS ?

Les particules émises lors des rayonnements radioactifs sont très énergétiques et peuvent de ce fait causer des dégâts importants dans le corps humain. Il convient donc de s'en protéger. L'interaction de ces différentes particules avec la matière va imposer des moyens de protection différents qui dépendront de la nature du rayonnement (Figure 2.4). Tout d'abord, on peut très facilement arrêter un rayonnement α, bien qu'il soit très énergétique (4 à 6 MeV). En effet, l'alpha n'est autre qu'un noyau d'hélium, c'est donc une particule lourde. Il ne peut parcourir qu'une très faible distance dans la matière (typiquement de 5 à 30 microns). On a coutume de dire qu'une feuille de papier (épaisseur 100 µm) suffit pour s'en protéger. C'est vrai lorsque la source de rayonnement est extérieure. Mais attention à l'ingestion ou à l'inhalation de matières radioactives. Une fois dans les alvéoles du poumon, dans le sang, ou fixé sur les os, le rayonnement alpha peut être destructeur dans le cas d'une activité spécifique intense[1]. En témoigne l'affaire

1. Ici, il convient de préciser que la période effective dans le corps humain est une combinaison de la période physique du noyau et de la période biologique qui dépend du temps de séjour dans l'organisme. La détermination de cette période effective met en jeu des mécanismes complexes, dépendant de l'assimilation et de l'organe considéré.

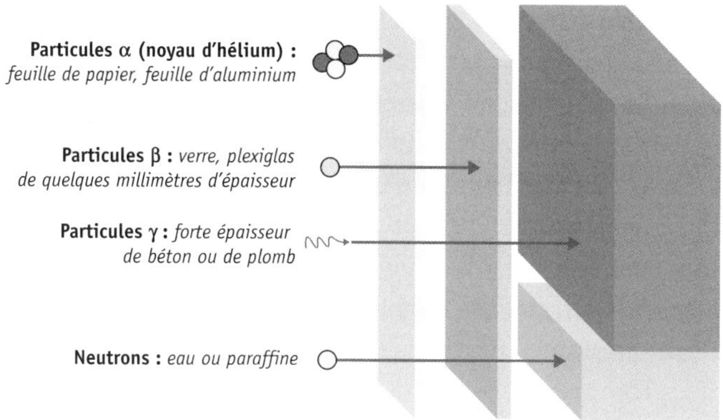

Figure 2.4 | Les différentes protections utilisées contre les rayonnements ionisants. Le rayonnement alpha ne traverse même pas la peau morte : une source externe alpha est donc inoffensive. Mais elle pourrait être dangereuse lorsqu'elle est inhalée ou ingérée. Pour une source bêta, et davantage encore pour une source gamma, il faut impérativement se protéger en interposant des écrans adaptés.

de l'empoisonnement au polonium ^{210}Po (affaire Litvinenko[1]). Quelques microgrammes de ce polonium radioactif (demi-vie 138,4 jours) versés dans son thé ont suffi à provoquer une mort relativement lente mais certaine.

Les électrons (ou positrons) du rayonnement β sont des particules légères et énergétiques (de quelques keV à une dizaine de MeV). Comme elles sont chargées, elles perdent progressivement leur énergie en ionisant les atomes de la matière et finissent par s'arrêter. Leur parcours est typiquement de quelques millimètres dans le tissu humain. Des écrans de quelques cm d'épaisseur (aluminium ou plexiglas) suffisent en général à s'en protéger.

Quant au photon γ, étant électriquement neutre, il sera d'autant plus fortement pénétrant qu'il est énergétique. Un gamma de 1 MeV

1. Alexandre Litvinenko est un ancien agent des services secrets russes contaminé au polonium en novembre 2006 à Londres. Il décèdera trois semaines après son empoisonnement.

d'énergie peut parcourir jusqu'à 90 mètres dans l'air. Et il faudra une grande épaisseur d'un matériau dense (béton ou plomb) pour s'en protéger. De plus, on n'arrête jamais vraiment un flux de photons gamma, on ne fait qu'atténuer son intensité. Même derrière un écran de 10 cm de plomb d'épaisseur, subsiste encore 0,35 % de rayonnement gamma. C'est pourquoi, à l'inverse du combustible neuf qui peut être pris à la main comme on l'a vu précédemment, le combustible nucléaire usé renferme une forte radioactivité, notamment gamma. Tout travail sur ce combustible irradié se fera donc à l'abri des rayonnements avec des télémanipulateurs dans des boîtes blindées (dites cellules chaudes) ayant un hublot formé d'un verre au plomb d'un mètre d'épaisseur. Cette protection nécessaire est souvent contraignante pour la manipulation d'un combustible sorti du réacteur. Elle rend également très difficile, voire rédhibitoire, toute utilisation détournée d'un combustible nucléaire usé.

Un autre type de rayonnement dangereux est également véhiculé par une particule électriquement neutre : le rayonnement neutronique. Le neutron, bien que massif, peut aisément parcourir, s'il est rapide, une centaine de mètres dans l'air. Il peut de ce fait induire quelques dégâts notables dans la matière vivante. La protection contre les neutrons se fait en utilisant un écran épais contenant des atomes d'hydrogène (eau ou paraffine) afin d'abord de les ralentir fortement (on dit qu'on les « modère ») avant de les arrêter (à l'aide d'absorbants neutroniques). Il faut cependant signaler que, mis à part les réacteurs nucléaires, on rencontre fort peu dans notre environnement de sources de neutrons intenses. Et qu'il n'existe aucun élément naturel émettant spontanément des neutrons[1].

1. Les éléments naturels radioactifs uranium et thorium décroissent principalement par radioactivité alpha, mais peuvent de temps à autre fissionner spontanément (on dénombre une fission spontanée pour 1,8 millions de désintégrations de l'uranium 238). Ces deux éléments naturels émettent donc quelques neutrons de fission, mais en quantité tellement faible que l'on peut complètement négliger, à moins d'être un physicien traquant le bruit neutronique au fin fond d'un laboratoire souterrain.

LES EFFETS SUR LA SANTÉ : UN MAL OU UN BIEN ?

Le rayonnement émis lors de la réorganisation du noyau atomique est souvent très énergétique (de l'ordre du MeV). Si ce rayonnement atteint un être vivant, l'énergie correspondante déposée peut causer des dégâts importants dans ses cellules. Par exemple, une particule ionisante peut facilement casser un brin ADN dans le noyau de la cellule. En réalité, du simple fait de l'agitation thermique, nos cellules sont en permanence exposées et des lésions sont continuellement formées en très grand nombre (on estime à 30 000 le nombre de lésions que chaque cellule de notre organisme endure quotidiennement ! Lors d'un bain de soleil, nos cellules subissent pas moins de 70 000 lésions par heure). Fort heureusement, notre corps dispose d'un mécanisme réparateur qui permet à la majorité des cellules lésées de recouvrer leur fonction initiale. Dans les cas où le mécanisme réparateur ne fonctionne pas (exemple d'une lésion trop importante ou de multiples lésions simultanées), soit la cellule meurt (apoptose), soit la cellule se répare mal et survit (se transformant en une cellule mutante). Le cancer est une prolifération anormalement rapide de cellules mutantes. Le rayonnement ionisant, bien que créant nettement moins de cassures de brins ADN que la température (deux par cellule et par an pour la radioactivité naturelle), peut en revanche produire davantage de cellules mutantes du fait de son importante énergie déposée. En effet, contrairement aux ruptures simples induites par la chaleur ou le métabolisme, un rayonnement peut provoquer des cassures dites « double brin » et des modifications structurales profondes de l'ADN.

Mais l'énergie absorbée ne reflète pas rigoureusement l'effet biologique. Tout d'abord, un rayonnement neutronique ou de type alpha va créer davantage de dommages dans la matière – donc dans l'organisme – qu'un rayonnement électromagnétique gamma et ce, pour une même énergie déposée. Pour évaluer le dommage créé, il faut donc y intégrer l'influence du type de particule. De plus, les cellules du corps humain étant différenciées, l'impact d'un rayonnement aura également des effets différenciés. Par exemple, les cellules de la peau seront nettement plus résistantes à l'irradiation que les cellules du poumon ou de l'estomac. La Commission internationale de protection radiologique (CIPR, voir encadré) a donc établi un facteur de pondération pour tenir compte de la différenciation des cellules. Au final, l'effet de l'irradiation sur le corps va être mesuré dans une unité appelée le Sievert (notée Sv), qui sera proportionnelle à l'énergie absorbée (calculée en Gy, voir encadré ci-contre) et qui inclue des facteurs correctifs (W_R pour le type de particule et W_T pour le type de cellule).

Dose équivalente $H \text{ (en Sv)} = W_R D \text{ (en Gy)}$

Dose efficace $E \text{ (en Sv)} = W_T . W_R D \text{ (en Gy)}$

LA CIPR

La Commission internationale de protection radiologique (CIPR) est une organisation internationale ayant pour objectif la protection de la population contre les rayonnements ionisants. Elle a été créée en 1928 lorsque des physiciens et des médecins avaient constaté les abus manifestes que certaines personnes pouvaient tirer de la récente découverte de la radioactivité. La CIPR émet des recommandations concernant les effets biologiques induits par une exposition aux radiations, à charge pour les États souverains de les retranscrire dans chaque législation nationale. Les valeurs ou les précautions à adopter issues des recommandations de la CIPR servent de référence pour l'établissement des mesures de sécurité à mettre en œuvre sur les installations susceptibles d'émettre des rayonnements.

LE GRAY

Une mesure de l'intensité du rayonnement est l'énergie absorbée par unité de masse. On note cette mesure le Gray *(Gy) qui vaut, par définition,* 1 Joule/kg. *C'est une unité physique mesurable, l'énergie de chaque particule incidente étant connue. Pour mémoire, rappelons qu'un MeV vaut 0,16 pJ et qu'une cellule pèse en moyenne 0,7 ng. Un MeV déposé dans une cellule correspond donc à une fraction de Gray (0,23 Gy). Si une particule d'un MeV est arrêtée dans une cellule qui fait une taille approximative de 10 µm, elle cèdera pratiquement toute son énergie à cette cellule. Ce dépôt d'énergie est important, puisqu'il correspond à 0,23 J/kg, et peut engendrer dans la cellule plusieurs lésions simultanées.*

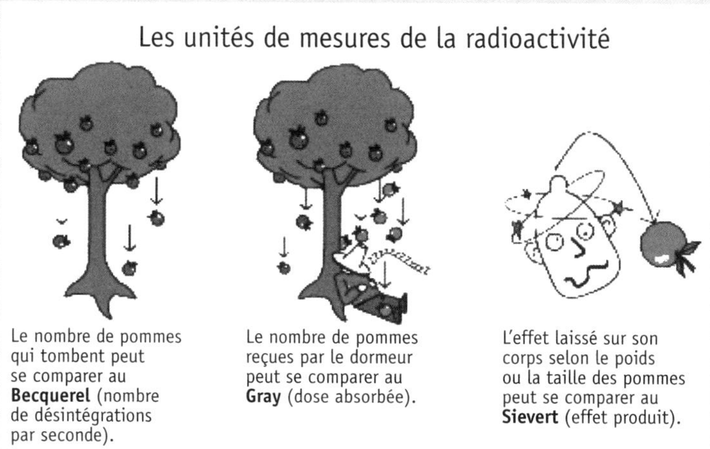

Figure 2.6 | Les unités de mesure de la radioactivité. Le Becquerel mesure l'intensité d'une source (combien émet-elle ?). Le Gray mesure la dose absorbée (combien je reçois ?). Le Sievert mesure l'effet induit sur l'individu (combien ça fait mal ?).

Le facteur W_R permet de normaliser tout rayonnement ionisant au rayonnement électromagnétique (Tableau 2.1). L'impact d'un rayonnement électronique bêta est sensiblement identique à celui du photon. Mais les particules lourdes (protons, neutrons, alpha ou ions lourds) ont un impact différent car elles peuvent déposer une plus grande quantité d'énergie dans un endroit très localisé. On leur affecte donc un coefficient W_R plus important (entre 2 et 20).

Tableau 2.1. ***Facteurs de pondération des particules W_R selon les dernières recommandations de la CIPR 103 diffusées en 2007[1].***

Rayonnement	W_R
Rayonnements X ou γ	1
Rayonnements β (électrons)	1
Protons	2
Rayonnements α	20
Ions lourds et PF	20
Neutrons de 1 MeV	20,7
Neutrons	variable entre 2,5 et 20,7 selon l'énergie

Quant au facteur W_T, il permet d'affecter une radiosensibilité à chaque organe (Tableau 2.2). Ce facteur W_T est d'ailleurs légèrement réajusté en tenant compte de l'évolution des connaissances, de la recherche en laboratoire et des études épidémiologiques sur les effets du rayonnement sur les cellules humaines. Une étude épidémiologique qui fait encore aujourd'hui référence

1. *Annals of the ICRP*, Volume 37, pp. 1-332, 2007.

est celle réalisée sur les victimes survivantes d'Hiroshima et de Nagasaki.

Tableau 2.2. ***Tableau des facteurs de pondération des tissus W_T. La CIPR a publié ses nouvelles recommandations (CIPR 103) en 2007 et révisé quelques facteurs de pondération antérieurs datant de la CIPR 60 (1990).***

Tissus ou organe	CIPR 60	CIPR 103
Gonades	0,20	0,08
Moëlle osseuse rouge	0,12	0,12
Colon	0,12	0,12
Estomac	0,12	0,12
Vessie	0,05	0,04
Seins	0,05	0,12
Foie	0,05	0,04
Œsophage	0,05	0,04
Thyroïde	0,05	0,04
Peau	0,01	0,01
Surfaces osseuses	0,01	0,01
Cerveau		0,01
Glandes salivaires		0,01
Reste de l'organisme	0,05	0,12
Total	***1,00***	***1,00***

La dose efficace ainsi corrigée des facteurs de pondération est exprimée en Sievert (Sv) et permet de jauger de la nocivité du rayonnement reçu. Ainsi, l'on sait qu'une irradiation corps entier de 4 Gy est une dose létale (à 50 %). L'on sait également que des irradiations supérieures à 100 mSv entraînent généralement des effets biologiques certains. On les dénomme effets déterministes. Cependant, on ne sait pas vraiment quel sera l'impact réel sur le corps humain (ou sur un organe donné) lorsqu'il se trouve être irradié à faible dose (< 100 mSv). Ce domaine des faibles doses est dit stochastique (car l'on suppose que l'effet y est aléatoire). Afin d'être plus ou moins conservatif, on admet *a priori* que l'effet du rayonnement sera, dans cette région, linéaire et sans seuil. Ainsi, à chaque radiation reçue, l'effet biologique sera supposé proportionnel à la dose reçue, si minime soit-elle : plus on reçoit de dose, plus la probabilité de contracter un cancer sera grande. C'est la fameuse relation dose-effet linéaire (Figure 2.5). Il n'est pas du tout évident que cette linéarité soit en pratique pleinement justifiée. Il se pourrait que les effets biologiques n'apparaissent qu'à partir d'une certaine dose (effet dit avec seuil). Il se pourrait même que des doses très faibles soient plutôt bénéfiques pour la santé, permettant en quelque sorte aux mécanismes de réparation de se mettre à l'œuvre par un effet d'accoutumance et de stimulation (un peu comme avec certaines toxines utilisées à très faibles doses). La recherche sur les faibles doses est encore balbutiante. Il convient d'élucider les mécanismes mis en œuvre pour pouvoir scientifiquement valider l'une ou l'autre des hypothèses reliant la dose de radiation reçue aux effets biologiques sur le corps humain.

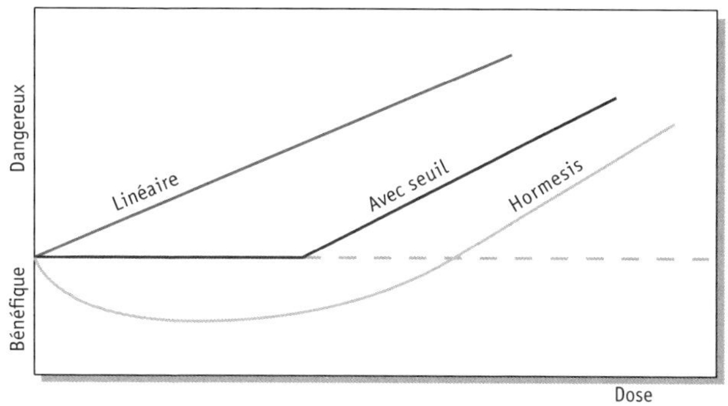

Figure 2.5 | Pour les faibles doses (< 100 mSv), la relation dose-effet est généralement supposée linéaire et sans seuil. C'est une hypothèse conservatrice appliquée dans un but de radioprotection (principe de précaution). Des études sont menées pour déterminer les effets réels sur la santé. Il se pourrait que les effets néfastes ne se déclenchent qu'à partir d'une dose donnée (relation avec seuil). Il se pourrait même que les très faibles doses aient un effet favorisant la réparation des cellules lésées (hormesis).

Débit de dose

La valeur cumulée de dose reçue ne suffit pas à elle seule à refléter l'effet biologique effectif sur un corps humain. Intervient également d'une manière importante le temps pendant lequel on reçoit cette dose. En effet, cela peut se comprendre très facilement. Si l'on a une seule cassure d'un brin ADN, les mécanismes de réparation classiques à l'œuvre pourront se mettre en place et récupérer un fonctionnement normal de la cellule. Cependant, si deux cassures du même ADN arrivent simultanément (cassure dite double brin), alors il est fort probable que la cellule n'y survive pas ou se transforme en une cellule cancéreuse. C'est la notion de **débit de dose**. Recevoir 1 Sv d'un seul coup en quelques minutes n'est absolument pas équivalent à recevoir 25 mSv par an pendant 40 ans. Et pourtant la dose cumulée totale sera la même. Ce principe est couramment appliqué dans la radiothérapie lors du traitement d'un cancer. Pour une même dose globale à fournir (de 30 à 70 Gy, parfois davantage[1]) pour

1. Cette dose impressionnante est localisée à la tumeur. L'objectif de la radiothérapie consiste à fournir la dose nécessaire pour réduire la tumeur tout en préservant au maximum les tissus sains environnants.

détruire la tumeur, on a recours au fractionnement. Les radiothérapeutes délivrent la dose nécessaire par fraction en plusieurs séances. Ainsi, les tissus sains récupèrent bien mieux après avoir reçu des doses plus petites à chaque séance et les effets secondaires induits par le traitement sont plus facilement tolérés par le patient.

La médecine nucléaire

Dès le début de la découverte des rayonnements ionisants, les médecins ont très rapidement compris le formidable usage qu'ils pouvaient en tirer. La toute première radiographie X de W. Roentgen montrant au monde entier une image de la main de son épouse fit sensation en novembre 1895. C'était la première fois que l'on pouvait observer des os humains à travers la chair (Figure 2.7). Henri Becquerel fut tellement impressionné par cette image qu'il s'attela à chercher ces fameux rayons X dans des sels fluorescents d'uranium. Quelques mois plus tard, en février 1896, le temps est gris. Becquerel range dans un tiroir ses sels d'uranium au-dessus d'une plaque photographique. Très minutieux (il notait tout), il lui vient l'idée (par intuition ?) de développer sa plaque photo, même sans l'avoir préalablement exposée au soleil. A sa grande surprise, il se rend compte que ses sels d'uranium avaient imprimé l'image d'une croix interposée devant la plaque photographique. C'est Marie Curie qui attribua à ce rayonnement uranique découvert par Becquerel le nom de radioactivité.

Très peu de temps après la découverte de la radioactivité, les premières applications médicales ont vu le jour. Les effets du rayonnement sur les tissus ont été mis à profit, soit pour visualiser des organes (aide clinique ou dépistage), soit pour traiter les tumeurs cancéreuses. Aujourd'hui, les outils de la médecine nucléaire occupent une part très importante dans les hôpitaux tant sur le plan des diagnostics (imagerie, radio-immunologie) que sur le plan thérapeutique (cancérologie).

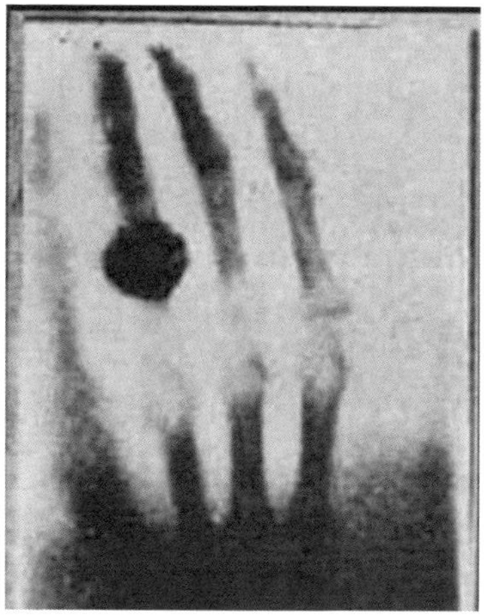

Figure 2.7 | Premier cliché radiographique à l'aide de rayons X, réalisé en 1895 par W. Roentgen sur la main de sa femme. On y voit distinctement les os de la main ainsi que l'anneau de mariage. Ce cliché a fortement impressionné H. Becquerel, et l'a conduit à la découverte de la radioactivité naturelle en 1896.

LA RADIOACTIVITÉ NATURELLE

Notre corps est constamment en proie à un bombardement incessant de rayonnements radioactifs provenant de toutes parts (du ciel, de la terre, de l'air environnant et même de notre propre corps). La dose annuelle reçue en France, moyennée sur l'ensemble de la population, est de 3,5 mSv, dont 2,4 mSv de rayonnements naturels et 1,1 mSv dus à des rayonnements artificiels, principalement dans le domaine du diagnostic médical (radiographie, scanner, TEP, scintigraphie, ...). À signaler que les très fortes doses reçues par les patients traités pour des cancers ne sont pas comptabilisées dans ces 1,1 mSv (Figure 2.8).

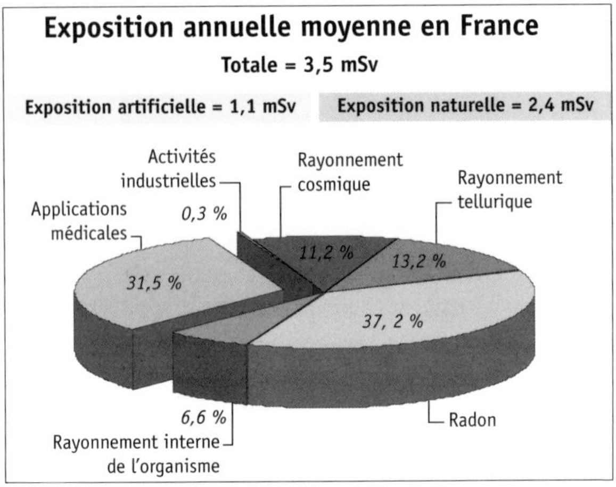

Figure 2.8 | Chaque Français reçoit en moyenne une dose cumulée de 3,5 mSv par an. La dose est variable d'un lieu géographique à l'autre et dépend également des examens ou des traitements médicaux subis.

L'exposition naturelle aux rayonnements comprend plusieurs origines :

1) *Cosmique :* des particules de très fortes énergies tombent en permanence sur la terre. Les particules chargées sont essentiellement des protons (80 %) et de l'hélium (14 %). Les particules neutres sont des gammas de très forte énergie. Certaines énergies sont colossales et peuvent atteindre le Zettaélectronvolt (1 ZeV = 10^{21} eV = 160 J). En pénétrant l'atmosphère, ces particules interagissent et produisent une cascade de particules chargées dont une grande quantité de pions qui se transforment en muons. Ce sont ces muons, peu absorbés par l'atmosphère, qui forment l'essentiel du rayonnement cosmique au niveau du sol (on en détecte 10 000 par m^2 et par minute). Quelquefois, une particule cosmique très énergétique produit dans la haute atmosphère une spectaculaire gerbe de particules chargées qui arrose littéralement le sol et peut être détectée

simultanément en plusieurs endroits distants de plusieurs dizaines de kilomètres.

Heureusement, l'atmosphère nous en protège, mais pas complètement. Les sursauts solaires sont en particulier à l'origine d'un flux de rayonnement qui provoque de splendides aurores polaires. Comme ce rayonnement est plus intense à haute altitude, plus l'on prendra de la hauteur, plus l'on recevra de radiations. À chaque voyage transatlantique (Paris/New-York) en avion, nous recevons 25 µSv.

2) *Tellurique :* ce sont les rayonnements des atomes radioactifs des roches (uranium et thorium). Ce rayonnement est extrêmement variable d'un endroit à l'autre. Les habitants de Bretagne et du Limousin sont environ deux fois plus exposés que les autres français pour le rayonnement tellurique et le radon. Dans certaines régions du monde, comme l'état du Kerala au Sud-ouest de l'Inde, des mesures de radioactivité ont montré des expositions naturelles dépassant les 10 mSv/an, voire 30 mSv/an en certains points. Le bilan du suivi épidémiologique de ces populations qui accumulent sans peine des doses bien supérieures au Sv au cours de leur existence sera fort intéressant[1].

3) *Radon :* bien qu'issu de la chaîne de l'uranium, ce gaz inerte est libéré dans l'atmosphère par le sol. Son influence est donc comptabilisée à part, la radioactivité moyenne du radon dans l'air étant généralement d'environ 10 Bq/m^3. Cette radioactivité varie fortement selon le lieu et la météorologie. Le gaz radon étant très lourd, il a tendance à rester au niveau le plus bas et à s'accumuler dans les caves et les sous-sols. Ainsi, on a pu mesurer que le niveau de radioactivité de certaines caves dans les anciennes habitations du Limousin pouvait allègrement dépasser les 1 000 Bq/m^3. Ce niveau décroît fortement dès que l'on aère un tant soit peu les caves. De nouvelles normes sanitaires enjoignent de prendre des

1. Nair R.K.K. *et al.*, *Health Physics* 96, 1, p. 55 (2009).

mesures correctives dès que le niveau dépasse les 400 Bq/m^3. Dans les nouvelles constructions, une meilleure étanchéité du bâtiment dans les soubassements et un renouvellement de l'air par ventilation assurent un faible taux de radon (voir encadré).

LE RADON

Le radon ^{222}Rn a une durée de vie de 3,8235 jours. Comme il est gazeux, il peut avoir le temps de migrer à travers les pores des roches pour s'exhaler dans l'atmosphère. Le sol profond (> 1 mètre) contient 40 Bq/kg en radon, qui y reste en équilibre. Du sol peu profond (moins d'un mètre) émane environ 20 % du radon, chaque m^2 de sol libérant dans l'air environ 10000 Bq de radon. Au bout de 3 jours, ce radon finit par se transformer en ^{210}Pb, qui a une durée de vie de 22 ans. Ce plomb radioactif se fixe sur les aérosols puis, principalement les jours de pluie, retombe vers le sol et s'y accumule. Il peut être aisément recueilli sur n'importe quelle plaque et mesuré.

4) *Interne :* nous sommes tous radioactifs. Chacun de nous renferme à l'intérieur de son corps environ 8000 Bq. Aux 5000 Bq du potassium primordial (^{40}K) précédemment signalé, il faut y rajouter quelque 3000 Bq dus au carbone radioactif (carbone 14). Ce carbone est produit continuellement dans la haute atmosphère par interaction des rayons cosmiques avec l'azote de l'air[1]. Il est assimilé par tous les organismes vivants tout comme le carbone normal (le carbone est le deuxième élément du corps humain après l'oxygène). Tant que l'organisme vit, son taux relatif de carbone 14 par rapport au carbone stable carbone 12 reste le même (il est sous forme de traces de l'ordre de $1{,}375 \times 10^{-12}$ mesurables grâce à la radioactivité). Lorsque l'organisme meurt, le carbone de l'air n'est plus recyclé. Le taux de carbone radioactif

1. Ce sont les neutrons produits qui réagissent avec l'azote par la réaction : (n,p) $n + {}^{14}N \rightarrow {}^{14}C + p$.

décroît avec sa période de 5730 ans, alors que celui de carbone normal reste le même. On peut donc, en mesurant le rapport (carbone 14/carbone 12), dater l'âge du décès. Cette méthode de datation dite au carbone 14 est couramment effectuée en archéologie car elle permet de couvrir une époque comprise entre 0 et 60 000 ans (soit 10 fois la période), avec une précision qui peut atteindre la centaine d'années.

La deuxième composante de l'exposition au rayonnement concerne l'exposition artificielle. En négligeant les activités industrielles et militaires (essais aériens, retombées de Tchernobyl), qui contribuent pour moins de 0,03 mSv, la majeure partie est due aux irradiations médicales à but de diagnostics. Cette irradiation médicale est bien entendu variable selon les examens. On peut en fournir quelques exemples :

- panoramique dentaire 0,006 mSv
- radiographie des poumons 0,1 mSv
- scintigraphie thyroïdienne 0,2 mSv
- rachis lombaire 1,2 mSv
- scanner abdominal 12 mSv

Quelques activités industrielles spécifiques conduisent également à des doses reçues dans le cadre professionnel, comme les pilotes d'avions et les personnels navigants, le personnel médical travaillant en radiographie ou les travailleurs dans les centres nucléaires. Ces catégories professionnelles font systématiquement l'objet d'un suivi radiologique (Figure 2.9).

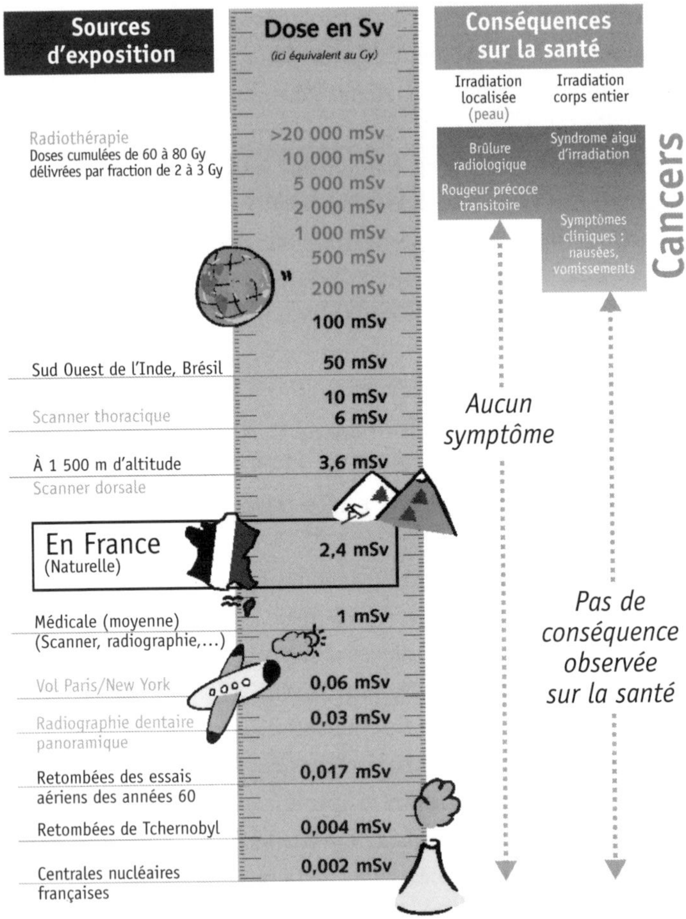

Figure 2.9 | Échelle de risque radiologique. Les effets déterministes, qui concernent les doses supérieures à 100 mSv[1], ont pour conséquences des symptômes cliniques (nausées, brûlures). Les effets des faibles doses (< 100 mSv) sont encore aujourd'hui assez largement méconnus. La limite de dose annuelle admissible a été fixée à 20 mSv pour les travailleurs classés et à 1 mSv pour tout public.

1. En toute rigueur, pour les effets déterministes, il faudrait s'exprimer en Gy, et réserver le Sv aux seuls effets stochastiques. Cependant, les doses supérieures à 100 mSv correspondent à des doses efficaces reçues élevées et conduisent généralement à des effets déterministes.

LES DÉBUTS DE LA RADIOACTIVITÉ

À une certaine époque, on vantait les bienfaits de la radioactivité. On pensait même que cette découverte fabuleuse allait apporter des bénéfices énormes pour la santé humaine allant jusqu'à protéger l'être humain de toute maladie potentielle. Les produits commerciaux à base d'éléments radioactifs ont commencé à se propager allant du savon au lait de toilette, des crèmes (Figure 2.10) au rouge à lèvres et même au dentifrice. Dans les années qui suivirent, des produits à base de radium étaient proposés comme thérapies médicales pour soigner les maladies comme l'arthrite, la goutte ou le diabète, et les bains d'eaux et les boues radioactives conseillés pour les troubles cardiaques ou les ulcères.

Figure 2.10 | Crème radioactive Tho-Radia lancée en 1933. Le pot de 155 grammes était vendu au prix de 15 francs. La publicité indiquait que cette crème «active la circulation, tonifie, raffermit les tissus, élimine la graisse, supprime les rides», grâce à sa composition à base de chlorure de thorium (0,50 gramme pour 100 grammes) et de bromure de radium (0,25 milligramme pour 100 grammes).

Certains qui avaient une foi absolue dans les bienfaits de la radioactivité, en ont fait leur commerce. C'est le cas de l'américain William Bailey qui fonda le laboratoire du radium en 1925 et lança son produit miracle le Radithor (Figure 2.11). Il annonçait fièrement : «Nous avons vaincu les maladies, le vieillissement et la mort». Un milliardaire sportif Eben Byers, chef d'entreprise, séduit par cette publicité, a consommé entre 1927 et 1931 plus de 1200 bouteilles de Radithor (contenant chacun 2 µCi de radium). Après 3 ans d'ingestion quasi quotidienne de cette potion au radium, Byers dépérit, perd ses dents, et ne pèse plus que 40 kilos avant de décéder. Suite à cette affaire, des plaintes sont déposées contre Bailey et des associations médicales réclament une législation mettant en garde les consommateurs contre les produits radioactifs.

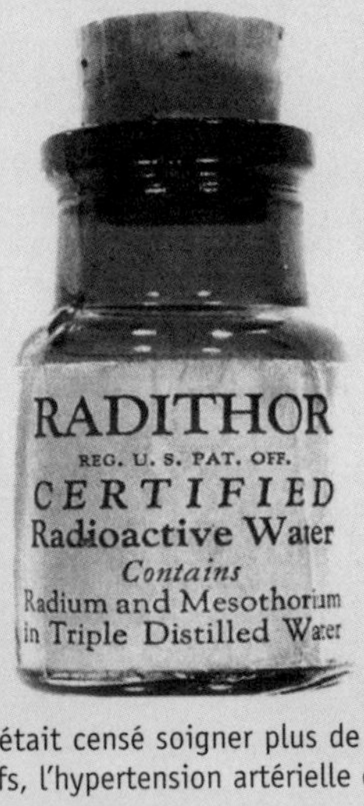

Figure 2.11 | Le Radithor était censé soigner plus de 150 maladies endocrinologiques, les troubles digestifs, l'hypertension artérielle ou encore l'impuissance.

Les éléments radioactifs ont continué à être largement utilisés dans l'industrie jusque dans les années 1960. On utilisait de la peinture luminescente au radium ou au tritium pour éclairer la nuit les cadrans de montres, les aiguilles d'horloges, les enseignes ou les appareils de navigation. Ces peintures étaient déposées au pinceau par des ouvrières dans les ateliers de fabrication. Comme elles avaient pour coutume d'affiner leurs pinceaux en les léchant (Figure 2.12), plusieurs d'entre elles ont ingéré une grande quantité de radium et ont développé par la suite un sarcome osseux. D'autres objets également commercialisés avaient recours à des sources alpha ou gamma comme les paratonnerres ou les détecteurs de fumée. Aujourd'hui, l'emploi de sources radioactives même de très faible activité est soumis à autorisation et strictement contrôlé.

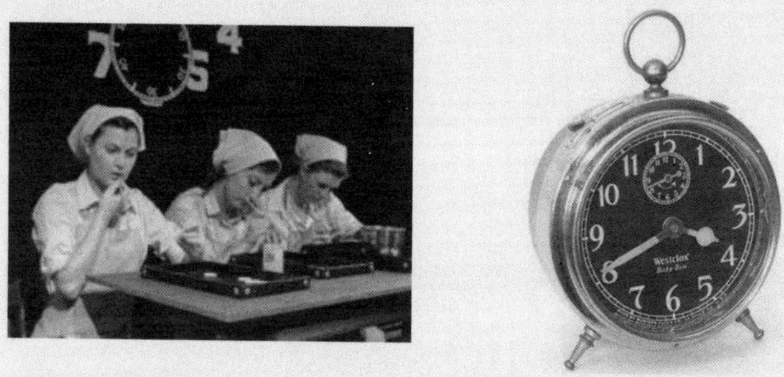

Figure 2.12 | Ouvrières qui peignaient les aiguilles des cadrans lumineux au radium (à gauche) et réveil luminescent fabriqué en 1928 (à droite).

3

Comment fonctionne un réacteur nucléaire ?

> *« Ça va le faire ! Maintenant, la réaction sera auto-entretenue. Le niveau va croître et continuer à croître sans arrêt. »*
> Enrico Fermi s'adressant à Arthur Compton lors de la divergence de la première pile atomique le 2 décembre 1942 à Chicago.

Pour extraire de l'énergie nucléaire, il faut non seulement trouver un moyen de déclencher des réactions nucléaires de fission mais également être capable de les contrôler. Dès le départ, il s'est avéré que le pilotage d'un réacteur dans lequel une réaction en chaîne est entretenue en permanence peut être assez facilement effectué à l'aide de barres de commande. Cependant, l'extraction de la chaleur d'un réacteur de forte puissance a nécessité la conception de multiples et imposants circuits de refroidissement qui doivent être constamment surveillés.

LA RÉACTION EN CHAÎNE

Isotope fissile et isotope fertile

Nous avons vu que, lorsque l'isotope 235 de l'uranium absorbait un neutron, il se cassait en deux fragments tout en dégageant 200 MeV d'énergie. Cette réaction de fission se produit même si l'énergie du neutron absorbé est très faible, voire nulle. Le noyau uranium 235 est dit *fissile*. C'est même le seul noyau fissile existant sur terre. Lorsque l'autre isotope de l'uranium, l'uranium 238 – qui rappelons-le, forme la très grande majorité (99,28 %) de l'uranium naturel – absorbe un neutron, il se transforme par décroissance radioactive β^- en un isotope fissile du plutonium, le ^{239}Pu. L'isotope uranium 238 n'est pas fissile, mais, comme il peut se transformer en un isotope fissile, il est dit *fertile*.

Masse critique

Pour provoquer une fission sur un isotope fissile, il faut tout de même lui procurer un neutron. Or les neutrons n'existent pas spontanément dans la nature. Nous avons bien facilement à notre disposition des électrons (tous les atomes peuvent être ionisés) ou des protons (ce sont les noyaux d'hydrogène), mais point de neutrons. Fort heureusement, toute réaction de fission est généralement accompagnée de l'émission de plusieurs neutrons (voir chapitre 1). C'est une chance inouïe, car ces neutrons vont pouvoir être avantageusement utilisés pour induire une seconde réaction de fission sur un autre noyau fissile d'uranium 235. Pour cela, il ne faut surtout pas les perdre. Si l'on ne concentre dans un volume donné qu'une très petite quantité de matière fissile, les neutrons émis par fission vont pouvoir aisément s'échapper dans l'air et quitter le milieu contenant l'uranium (le neutron étant neutre, il subira alors très peu de collisions avec l'air). Afin de les conserver à l'intérieur de notre milieu, il faudra donc y disposer une grande quantité de matière. Plus la masse d'uranium fissile disponible sera grande, plus la probabilité sera grande que l'un au moins des neutrons de fission puisse rencontrer un atome fissile. Mieux que de les conserver, nous allons même pouvoir multiplier ces neutrons. Le nombre moyen de neutrons émis provoquant une autre fission est appelé *coefficient multiplicateur k* (Figure 3.1). Comme le nombre moyen de neutrons émis par fission est supérieur à 1 (il vaut environ 2,5), le coefficient multiplicateur k peut l'être aussi. À chaque fission, 2.5 neutrons sont générés, qui à leur tour vont provoquer k fissions et donc engendrer, à la génération suivante (2,5 × k) neutrons. À la troisième génération, nous aurons donc (2,5 × k × k) neutrons. Et ainsi de suite... Les neutrons vont ainsi très rapidement se multiplier dans le milieu. La masse d'uranium pour laquelle le coefficient multiplicateur k vaut exactement 1 est appelée ***masse critique***. C'est-à-dire que, lorsque l'on dispose d'une masse critique, pour chaque fission qui libère en moyenne 2,5 neutrons, l'un au moins de ces neutrons induira une autre fission. À partir d'une quantité équivalente à la masse critique, la *réaction en chaîne* peut avoir lieu. En dessous de la masse critique, k est inférieur à 1, et la réaction en chaîne s'éteindra spontanément d'elle-même. Au-delà de la masse critique, chaque fission va provoquer plus d'une fission, et la réaction peut rapidement s'emballer si rien ne l'arrête (et éventuellement mener à terme à l'explosion).

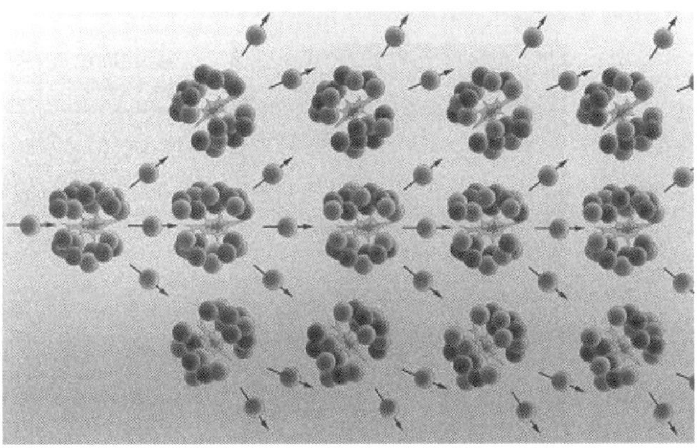

Figure 3.1 | Grâce aux neutrons émis par fission sur un noyau d'uranium, d'autres noyaux d'uranium peuvent à leur tour fissionner. Lorsque le coefficient multiplicateur des neutrons k est supérieur ou égal à 1, la réaction en chaîne peut avoir lieu.

Enrichissement

Lorsqu'on utilise de l'uranium naturel, les neutrons de fission émis vont rencontrer plus souvent sur leur chemin un noyau non fissile, l'uranium 238, présent en bien plus grande quantité, qu'un noyau fissile d'uranium 235. Peu de neutrons émis lors de la première fission vont donc pouvoir provoquer une seconde fission. Tout compte fait, en utilisant exclusivement de l'uranium naturel, la réaction en chaîne ne pourra jamais avoir lieu, même en empilant une quantité infinie d'uranium. Nous verrons plus loin que l'introduction astucieuse d'un modérateur permettra quand même de construire des réacteurs nucléaires fonctionnant à l'uranium naturel. Cependant, si l'on arrive à augmenter la teneur isotopique en uranium 235 dans notre uranium, l'on augmentera également la probabilité de rencontre de nos neutrons avec un noyau fissile. Ainsi, dans un uranium enrichi en uranium 235, la réaction en chaîne pourra s'établir. Dans la pratique, l'étape d'enrichissement est indispensable si l'on souhaite refroidir le réacteur avec de l'eau ordinaire, car l'eau est légèrement absorbante. Pour pouvoir utiliser de l'uranium naturel comme combustible (et donc se passer d'enrichissement), il est impératif d'utiliser des éléments qui absorbent peu les neutrons. On fait alors appel soit à de l'eau lourde comprenant des molécules d'eau dans lesquelles des atomes de deutérium ont été substitués aux atomes d'hydrogène (de formule chimique D_2O au lieu de H_2O), soit à du graphite (carbone).

LE CŒUR DU RÉACTEUR

On appelle cœur la partie du réacteur qui contient la matière nucléaire. Pour obtenir la masse critique et pouvoir maintenir la réaction en chaîne sur une longue durée (de trois à quatre ans), il faut disposer d'environ 4 tonnes de noyaux fissiles (c'est-à-dire 10^{28} atomes d'uranium 235). Si l'on enrichit le combustible à 4 %, cela correspond donc à 100 tonnes d'uranium. Un cœur de réacteur contient donc 100 tonnes de combustible (typiquement, le cœur forme un cylindre de 3,5 m de diamètre sur 4 m de hauteur). Lorsque la réaction en chaîne se déclenche, un nombre importants d'atomes d'uranium 235 vont fissionner en même temps. Chaque fission dégageant 200 MeV d'énergie (32 pJ), le nombre de noyaux fissionnant par seconde va indiquer la puissance totale du réacteur. Dans un réacteur de 1 GWe[1], il y a environ 10^{20} fissions par seconde (soit 3 GW thermiques). Le nombre de noyaux fissiles disponibles étant de 10^{28}, la combustion peut donc perdurer au même niveau de puissance pendant 10^{8} s, soit un peu plus de trois années. Au bout de 3 à 4 ans, le combustible aura consommé une grande partie de ses atomes fissiles. Il sera retiré du cœur pour être remplacé par un combustible neuf rechargé en atomes fissiles. En pratique, la gestion du combustible d'un cœur se fait par cycles. Par exemple, dans un plan de rechargement par tiers, on arrête le réacteur tous les ans pour des opérations de maintenance et l'on ne décharge qu'un tiers des assemblages combustible (ceux qui auront effectivement déjà fonctionné pendant 3 ans et brûlé leur uranium fissile). Ainsi, à chaque redémarrage annuel, le cœur sera composé d'1/3 d'assemblages neufs, d'1/3 ayant déjà séjourné un an et d'1/3 ayant deux années. D'autres cycles de chargement peuvent être appliqués comme le rechargement par quart (un quart du combustible est déchargé tous les quatre ans) ou par tiers tous les 18 mois (le combustible reste quatre ans et demi dans le cœur). À la décharge, le combustible usé ne contient plus que 0,85 % d'uranium fissile 235, mais il renferme également beaucoup trop de produits de fission (dont certains très absorbants neutroniquement parlant) pour être réutilisé[2].

1. On note le GigaWatt électrique produit GWe, pour le différencier du GigaWatt thermique (GWth).

2. Le combustible usé renferme autant sinon davantage d'isotopes fissiles que l'uranium naturel. Il serait bien évidemment fort tentant de le réutiliser en lieu et place de l'uranium naturel. Cependant, il s'avère être très radioactif, et ne se manipule pas aussi aisément que de l'uranium naturel. C'est pourquoi il ne sera pas directement remis tel quel dans le circuit de fabrication du combustible neuf. En revanche, il sera tout de même considéré comme à haute valeur énergétique et soigneusement recyclé.

LES CIRCUITS DE REFROIDISSEMENT

Dans un réacteur à eau pressurisée (REP), il y a trois circuits de refroidissement distincts qui permettent d'évacuer la puissance thermique générée par l'énergie de fission (Figure 3.2).

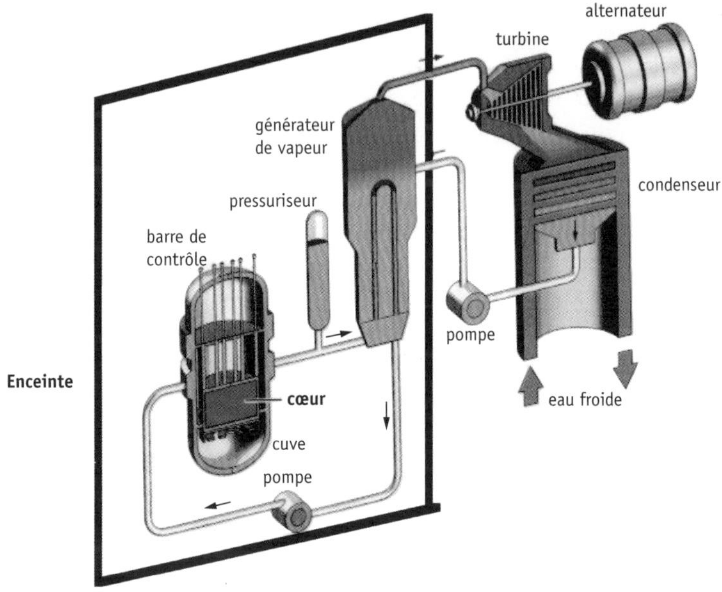

Figure 3.2 | Schéma hydraulique d'un réacteur nucléaire de type REP (Réacteur à eau pressurisée) avec ses trois circuits de refroidissement. Grâce à des pompes, l'eau circule séparément en boucle fermée dans les deux circuits du primaire et du secondaire. L'eau froide du circuit tertiaire est prise soit à la rivière, soit à la mer.

Le primaire

Chaque fission libère 32 pJ d'énergie, essentiellement (à 84 %) emportée par les produits de fission sous forme d'énergie cinétique[1]. Or, ces produits sont lourds (de masse atomique autour de 100),

1. L'énergie produite se répartit entre 83,8 % PF, 3,3 % gammas prompts, 2,4 % neutrons, 3,1 % radioactivité bêta, 3,1 % radioactivité gamma et 4,3 % neutrinos. Seule l'énergie des neutrinos est réellement perdue car ceux-ci quittent l'enceinte du réacteur et peuvent même être détectés à plusieurs centaines de km de la centrale.

encore plus lourds que des particules alphas. Ils vont donc interagir très fortement avec la matière. Comme le rayonnement α, ces noyaux lourds vont s'arrêter sur une distance très courte, d'à peine quelques microns, et y déposer toute leur énergie sous forme de chaleur. Ce n'est donc pas directement l'énergie de la réaction nucléaire de fission, mais cette chaleur qui sera récupérée par l'eau du circuit primaire pour être transformée en électricité.

Le cœur d'un réacteur nucléaire est une grosse cocotte-minute où 10^{20} fissions par seconde génèrent 3 GW de puissance thermique. Le cœur faisant environ 30 m^3, cela correspond à une densité de puissance de 100 W/cm^3 (imaginez l'équivalent de dix radiateurs d'un 1 kW chauffant un petit verre d'eau de 10 cl). Il faut donc un très bon refroidissement pour extraire cette puissance. L'eau liquide étant disponible, bon marché et de surcroît un excellent caloporteur, s'imposera comme choix privilégié dans la grande majorité des réacteurs nucléaires (90 % des réacteurs dans le monde utilisent l'eau comme caloporteur dont 10 % de l'eau lourde). Le cœur est donc inséré dans une grande cuve remplie d'eau (diamètre 4,5 m, hauteur 13,6 m). Grâce à des pompes, l'eau de refroidissement circulera à travers les assemblages de combustible pour récupérer la chaleur produite. Pour empêcher l'eau de bouillir, ce qui serait très rapidement le cas à la pression ambiante (mettez un centilitre d'eau sur une plaque chauffante), l'eau circule sous très haute pression (à 155 bars, soit 155 fois la pression atmosphérique). Cette pression est constamment régulée grâce à la présence d'un pressuriseur, élément important dans la sûreté. La haute pression permet également de pouvoir travailler à haute température (300 °C) sans bouillir (à la pression de 155 bars, la température de saturation de l'eau atteint 345 °C). C'est le circuit dit *primaire* du réacteur à eau pressurisée (REP). Dans certains réacteurs (appelés précisément bouillants, les REB), l'eau du circuit primaire circule sous une pression plus faible (75 bars) et se met en ébullition au contact du combustible chaud.

Le secondaire

La chaleur récupérée par l'eau du circuit primaire est transmise à un autre circuit d'eau appelé *circuit secondaire* à travers le *générateur de vapeur* (GV). Le circuit secondaire fonctionne également en boucle fermée. Un échangeur primaire/secondaire (sous la forme de quelque 3 000 tubes en U inversé) porte à ébullition l'eau contenue dans le générateur de vapeur, qui se trouve à une pression de 72 bars. La température de l'eau du secondaire monte alors à la température de saturation à cette pression (280 °C) et en régime d'ébullition nucléée, une fraction de l'eau se vaporise. La vapeur produite entraîne une turbine, qui fait tourner un alternateur pour produire l'électricité. Le couplage au réseau électrique se fait au niveau de l'alternateur[1]. En sortie de turbine, la vapeur d'eau détendue d'abord à 11 bars puis à basse pression (il y a deux turbines en cascade) est liquéfiée dans un *condenseur*. L'eau obtenue est ensuite compressée (à 72 bars) avant d'être renvoyée vers le GV à travers une pompe. Un économiseur intégré dans le GV permet le réchauffage de l'eau venant de la pompe à environ 220 °C (l'eau pénètre dans la pompe aux alentours de 75 °C) afin d'améliorer l'échange thermique et obtenir un meilleur rendement thermodynamique. À noter qu'il y a en général trois ou quatre générateurs de vapeur sur un cœur de réacteur nucléaire. Chaque GV peut emporter plus de 1 000 MW thermiques. Sur le réacteur de troisième génération EPR, afin d'améliorer la sécurité en cas d'incidents, les quatre circuits de GV sont rendus totalement indépendants et ont été volontairement surdimensionnés (avec un volume libre plus grand). De plus, seuls deux de ces GV sont suffisants pour assurer le

1. L'alternateur est une grosse machine tournante qui transforme de l'énergie mécanique (axe de la turbine en rotation) en énergie électrique (par induction magnétique). Il est dimensionné pour qu'à la puissance nominale, la fréquence de la tension électrique générée soit exactement de 50 Hz (soit 1500 tours/min en triphasé). Si la demande du réseau électrique augmente brutalement, la fréquence de l'alternateur décroît. Inversement, une baisse de la charge du réseau se traduit par une fréquence plus élevée. Sur le réseau électrique français, on admet une plage de variation de fréquence allant de 49,5 Hz à 50,5 Hz.

refroidissement du cœur (cette redondance assurant une meilleure maintenance en cas de pannes). À noter également que, dans un REP, l'eau du circuit secondaire circule en boucle fermée, complètement séparée de l'eau du circuit primaire, la seule directement en contact avec les assemblages nucléaires. En fonctionnement normal, il peut arriver que l'eau du primaire se charge en éléments radioactifs suite à des ruptures de gaines de combustible ou à de la radiolyse de l'eau sous fortes irradiations. Cependant, l'eau du circuit secondaire n'est pas radioactive. Les deux circuits sont surveillés en permanence et toute radioactivité, même infime, détectée dans l'eau du secondaire sera une indication de la présence de fuites dans le GV. Des actions correctives sont alors prises pour réparation.

Le condenseur

Le troisième circuit de refroidissement sert à évacuer la chaleur libérée lors de la condensation de la vapeur du circuit secondaire. Pour ce faire, de l'eau froide prise dans une rivière ou en mer circule dans les tubes du condenseur. C'est la raison pratique pour laquelle toutes les centrales nucléaires sont généralement construites près de sources d'eau pouvant fournir un débit important. La condensation de la vapeur du secondaire en sortie de turbine réchauffe l'eau du circuit tertiaire. Étant donné le faible rendement thermodynamique des turbines[1] (33 %), les deux tiers de la puissance thermique du réacteur doivent en fin de compte être évacués par l'eau de la source froide. C'est donc plus de 2 GWth qu'il faudra évacuer par l'eau du circuit tertiaire. Deux types de circuits de refroidissement

1. Ce faible rendement est directement lié au rendement de Carnot. La physique de base nous enseigne que le rendement thermodynamique maximal ne dépend que du rapport de température entre la source chaude (ici l'eau chauffée dans le réacteur) et la source froide (ici l'eau de la rivière). La source chaude étant à 300 °C et la froide à 20 °C, le rendement s'établit à 33 %. Pour obtenir un meilleur rendement, il faut augmenter la température de fonctionnement du réacteur (car la source froide sera toujours à la température ambiante). C'est ce qui est envisagé dans les réacteurs de quatrième génération.

peuvent être utilisés : soit un circuit ouvert, où l'eau chaude est rejetée dans la source où on l'a puisée, soit un circuit fermé qui utilise des tours aéroréfrigérantes. Dans le cas du circuit ouvert, il faut un très grand débit d'eau (50 m^3/s) afin de limiter la température de rejet à une dizaine de degrés au-dessus de la température de l'eau soutirée. C'est un critère environnemental assez contraignant. Dans le cas du circuit fermé, une partie de l'eau (30 %) est transformée en vapeur (le fameux panache blanc des tours, Figure 3.3). Cette vaporisation permet d'une part d'évacuer la même puissance avec beaucoup moins de débit d'eau (moins de 2 m^3/s) et d'autre part de considérablement réduire la température de l'eau rejetée. 97 % de la puissance étant évacuée par vaporisation, l'eau de rejet est à peine plus chaude (+ 0,2 °C) que l'eau puisée. L'eau du circuit tertiaire, échangeant avec le circuit secondaire dans le condenseur, est encore moins susceptible de contenir la moindre radioactivité issue du cœur. Malgré cela, son niveau de radioactivité est tout de même étroitement surveillé.

Figure 3.3 | La centrale de Nogent-sur-Seine avec ses deux réacteurs de 1 300 MWe. On remarque surtout les immenses tours aéroréfrigérantes avec la vapeur d'eau qui s'en échappe. À noter que le réacteur nucléaire se trouve à l'intérieur de l'enceinte de forme cylindrique que l'on aperçoit en arrière des tours.

LE PILOTAGE D'UN RÉACTEUR

Les neutrons retardés

Certains produits de fission radioactifs riches en neutrons peuvent présenter un mode de désintégration radioactive accompagné de l'émission d'un neutron. Ces produits possèdent généralement une très courte durée de vie. Toutefois, quelques-uns d'entre eux ont la particularité de vivre un petit plus longtemps que les autres (jusqu'à plusieurs secondes, voire jusqu'à 55,6 s pour le brome ^{87}Br). Quelques neutrons peuvent donc être émis bien après que la fission ne se soit produite. C'est une chance, car cette très petite proportion (0,65 %) de *neutrons retardés* suffit à pouvoir en pratique piloter un réacteur nucléaire. Nous avons vu qu'il fallait obtenir un coefficient multiplicateur k au moins égal à 1 pour pouvoir enclencher une réaction en chaîne. Mais si k est supérieur à 1, ne serait-ce que très légèrement, la réaction s'emballe exponentiellement (la puissance d'un réacteur qui ne générerait pas de neutrons retardés doublerait toutes les secondes pour un coefficient k de 1,001). Sans neutrons retardés, un réacteur nucléaire est incontrôlable. Enrico Fermi a réellement eu beaucoup de chance en 1942 lorsqu'il a construit la première pile atomique à Chicago (voir encadré). Les neutrons retardés lui ont offert la possibilité de pouvoir contrôler manuellement la réaction en chaîne.

LA PREMIÈRE PILE ATOMIQUE

L'idée de la réaction en chaîne a germé chez les scientifiques dès 1939 lorsqu'ils réalisèrent que plusieurs neutrons étaient émis lors de la fission de l'atome d'uranium. En 1942, Enrico Fermi et Arthur Compton cherchaient à obtenir la démonstration expérimentale du contrôle de la fission atomique en utilisant un empilement composé d'uranium naturel et de blocs de graphite purifié. À l'université de Chicago, Fermi et son équipe se sont installés à Stagg Field, sous les gradins d'un ancien stade de football, pour construire la première pile atomique. Le lancement du projet Manhattan ayant accéléré la construction, le 2 décembre 1942, Fermi ordonna le retrait d'une barre de commande en cadmium qui était manipulée à la main (Figure 3.4). Suivant un compteur qui indiquait le niveau de rayonnement, il constata avec soulagement que la réaction auto-entretenue se déroulait suffisamment lentement pour être amplifiée ou réduite à loisir. Ce fut la première fois que l'on arrivait à maîtriser l'énergie nucléaire.

Figure 3.4 | Dessin d'artiste de la première pile atomique construite par Fermi à Chicago. C'est un simple empilement de blocs de graphite troués (qui fait fonction de modérateur) dans lesquels était inséré de l'uranium (sous forme métallique et oxyde). Remarquez le contrôle du réacteur qui se fait manuellement, une personne debout réglant la position d'une barre contenant un absorbant neutronique (du cadmium).

Les barres de contrôle

Afin de s'assurer du contrôle du réacteur à une valeur du coefficient multiplicateur k très proche de 1 (on peut contrôler la valeur de k à 10^{-6} près), on se place volontairement à une valeur de k supérieure à 1 et l'on introduit dans le cœur des absorbants neutroniques (Figure 3.5). Ce sont des éléments, comme le bore (^{10}B), le cadmium (^{113}Cd) ou le gadolinium, qui ont tendance à fortement capturer des neutrons. On les utilise de deux manières différentes. On peut diluer un peu de bore dans l'eau de refroidissement, jusqu'à une concentration de 1‰ (le contrôle de cette dilution permet un pilotage fin mais lent). On utilise également des barres de commandes composées de matériaux très absorbants (à base de bore ou de cadmium). Sur un REP, il y un ensemble de 24 crayons qu'on appelle *grappe* contenant chacun des éléments absorbants (un alliage Ag/In/Cd ou du carbure de bore) qui sont simultanément insérés dans certains assemblages à l'aide d'une araignée. Plus on insère la grappe, plus le coefficient k diminue (les absorbants étouffent la réaction en chaîne). On démarre toutes barres insérées puis on les retire progressivement jusqu'à obtenir la criticité (qui correspond à $k = 1$). En réalité, pour des raisons d'équilibrage, c'est tout un groupe de grappes d'assemblages (9, 12 ou 16, uniformément répartis dans le cœur) qui est simultanément actionné afin de réguler la température, la puissance ou la distribution du flux neutronique. Un autre groupe de grappes additionnelles (28 grappes) est ajouté mais non utilisé en fonctionnement normal. Ce sont des grappes de sécurité qui ne seront actionnées qu'en cas d'arrêt ou de protection.

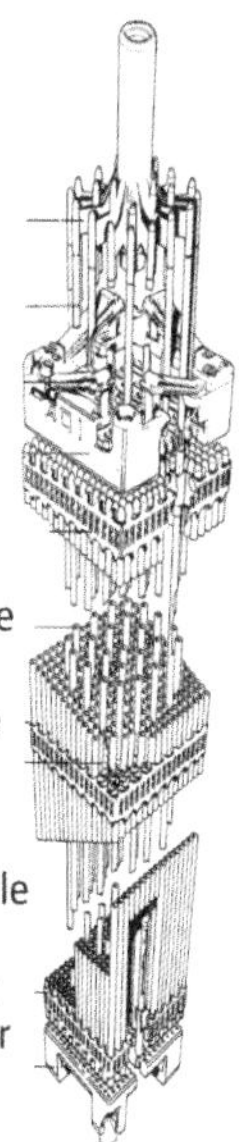

Figure 3.5 | Un assemblage REP à 289 emplacements carrés dit 17 × 17. Il contient 264 crayons combustibles, 24 tubes guides et un tube d'instrumentation. La barre de contrôle permet d'insérer ou de retirer la grappe formée des 24 crayons contenant des absorbants.

LA GESTION DU FONCTIONNEMENT

Une fois épuisé, le combustible d'un réacteur nucléaire doit être changé. C'est donc en quelque sorte du consommable. À chaque arrêt (qui dure plusieurs semaines tous les 12 ou 18 mois), un rechargement partiel est effectué. On profite de cet arrêt pour assurer une vérification et une maintenance des principaux équipements. Tous les 10 ans, une inspection plus complète de la centrale est réalisée. Tous les composants et notamment les plus importants (cuve, GV, pressuriseur, enceinte, etc.) font alors l'objet d'un examen très approfondi (par exemple, des mesures par ultrasons sur la cuve pour détecter les fissures et leur évolution avec le vieillissement). À l'issue de cette visite décennale, l'Autorité de sûreté nucléaire (ASN) n'autorisera le redémarrage du réacteur et son exploitation que si l'ensemble des tests et examens effectués se révèlent conformes aux normes de sûreté (qui, par ailleurs, ont plutôt tendance à se durcir avec le temps). En principe, les réacteurs de deuxième génération, construits en France entre 1977 et 1998, ont été dimensionnés pour une durée de vie de 30 ou de 40 ans. Mais on s'aperçoit, avec l'amélioration des connaissances scientifiques, notamment sur l'acier de cuve (la cuve est le seul élément difficilement remplaçable dans un réacteur), qu'il s'avère que l'on pourra probablement étendre le fonctionnement des réacteurs existants à 50, voire à 60 ans. Il semble pour l'instant relativement difficile d'aller bien au-delà, car alors beaucoup de composants auront tendance à montrer des signes de faiblesse. De fait, même si la sûreté peut être assurée, un excès de pannes intempestives obèrera forcément la disponibilité et par conséquent la rentabilité du réacteur en fin de vie. Il vaudra mieux alors penser à un renouvellement total, une remise à niveau devenant par trop coûteuse. Le réacteur de 3e génération EPR a été dès sa conception prévu de telle sorte qu'il puisse assurer un fonctionnement nominal pendant 60 années. Les marges prises sur tous ses composants laissent à penser qu'il pourra peut-être fonctionner plus longtemps encore (pendant 80, voire 100 ans). Mais ce n'est pour l'instant qu'une hypothèse faite à partir des calculs et des acquis des générations précédentes. L'avenir nous dira si tel sera effectivement le cas.

4

Éléments de sûreté d'un réacteur nucléaire

« Plus faibles sont les risques, meilleure est l'entreprise. »
Sophocle

Aucune activité humaine n'est exempte de risques. L'objectif de la sûreté est de les évaluer correctement pour pouvoir mettre en place des systèmes de sécurité qui permettraient soit de les réduire, soit de minimiser leur nocivité en cas d'accidents. Pour le nucléaire, certains accidents majeurs, bien qu'ayant une faible probabilité de se produire, peuvent avoir des conséquences importantes sur l'environnement.

LE CONTRÔLE D'UN RÉACTEUR

La criticité

Un réacteur est dit *critique* s'il présente un coefficient de multiplication de neutrons k exactement égal à 1. C'est le point de fonctionnement normal du réacteur. Si k est inférieur à l'unité, il est dit sous-critique. Dans ce cas, il n'y a aucun risque d'instabilité, mais il n'y a pas non plus de production de puissance. À l'inverse, si le coefficient k est supérieur à 1, le cœur est surcritique. Un cœur surcritique voit sa puissance augmenter exponentiellement et peut mener dans certaines conditions à un emballement pouvant devenir très rapidement incontrôlable. Il faut donc constamment maîtriser le niveau de criticité du réacteur. On a vu dans le chapitre précédent que l'on utilisait pour ce faire soit la dilution du bore, soit les barres de contrôle. Grâce à l'existence de neutrons retardés (correspondant à une variation de réactivité de $\Delta k = 0{,}0065$), le contrôle peut se faire sur une période de temps raisonnable (de plusieurs secondes). Tant que la valeur de k reste inférieure à 1,0065, le réacteur est aisément contrôlable. Si k dépasse 1,0065, le réacteur devient *critique prompt*, c'est-à-dire critique sans même prendre en compte les neutrons retardés. On pénètre alors dans une zone dangereuse qui risque d'être difficilement gérable. Il faut à tout prix éviter de dépasser cette valeur, sauf si l'on souhaite volontairement provoquer une augmentation brutale de puissance, comme c'est par exemple le cas lors de la conception d'un engin nucléaire. Le principe d'une bombe nucléaire est de rassembler deux massifs séparément sous-critiques qui, lorsqu'ils sont rapprochés l'un de l'autre, engendrent un coefficient de multiplication global bien supérieur à 1 (souvent même très surcritique $k > 1{,}5$). L'emballement de la réaction en chaîne devient donc très rapide, menant quasi instantanément à l'explosion.

Les coefficients de réactivité

Afin de déterminer l'effet des paramètres physiques sur le coefficient multiplicateur k, on définit différents coefficients de réactivité, qui ne sont autres que l'image de la variation de k par rapport aux paramètres considérés. À titre d'exemple, un paramètre primordial du fonctionnement du réacteur est sa température. Il convient donc de déterminer avec précision le coefficient de réactivité relatif à la température (c'est tout simplement la dérivée dk/dT). Supposons qu'un très faible excès de réactivité δk soit introduit, cela mènera à une augmentation de puissance dans le cœur et par voie de conséquence à un échauffement accru. À partir de là, deux cas peuvent se produire. Soit le coefficient en température est négatif, dans ce cas une augmentation de la température aura tendance à réduire la valeur de k. La rétroaction va agir dans le bon sens et ramener k vers sa valeur initiale. Si en revanche le coefficient est positif, la rétroaction sera positive et l'échauffement va induire une réactivité encore plus élevée qui aura tendance à amplifier encore davantage l'échauffement du cœur. Un emballement peut alors devenir inévitable entraînant un réacteur totalement instable. Un critère très important pour la stabilité sera donc l'obtention lors de la conception du cœur d'un coefficient de réactivité négatif en température. Un réacteur donné sera considéré d'autant plus sûr vis-à-vis du risque de criticité que son coefficient en température sera largement négatif.

L'étude précise des différentes contributions au coefficient de réactivité en température montre que l'*effet Doppler* d'élargissement des résonances nucléaires (surtout celles de l'isotope uranium 238) joue un rôle majeur. Fort heureusement, cet effet fortement négatif et instantané est très stabilisant, surtout dans un REP. D'autres coefficients de réactivité sont également importants à évaluer pour la sûreté comme le coefficient de vide, qui représente la différence de réactivité entre un cœur avec et sans caloporteur. Si, pour une raison quelconque, le caloporteur se trouve en moindre quantité dans le cœur (cas d'une ébullition en paroi), le cœur se comportera différemment selon que son coefficient de vide sera positif ou négatif. S'il est négatif, la puissance diminuera et le réacteur pourra être stabilisé. Si en revanche il est positif (cas du réacteur russe RBMK à faible puissance), le réacteur aura tendance à chauffer davantage, entraînant une ébullition accrue du caloporteur, jusqu'à sa vaporisation totale. Le système est instable et peut même mener, si les barres de sécurité ne chutent pas rapidement, à une explosion du cœur (cas de Tchernobyl).

Les marges de réactivité

Le combustible s'épuisant au fur et à mesure du fonctionnement, la réactivité diminue progressivement ($\delta k = -0{,}0003$/jour). Afin de compenser cette perte, le réacteur doit démarrer avec une réserve suffisante de réactivité. Le fonctionnement devant durer de 12 à 18 mois, il lui faut une réserve de réactivité au moins égale à $\Delta k = +0{,}25$. Le démarrage d'un réacteur s'opère donc avec un coefficient de multiplication réel bien supérieur à 1 (typiquement $k = 1{,}25$). Comme c'est un coefficient élevé, il faut par ailleurs s'assurer que nous disposons d'absorbants en quantité suffisante pour réduire ce coefficient à une valeur bien inférieure à 1 en cas de problème. La dilution initiale en Bore (1 200 ppm) dans l'eau assure une réduction de $\delta k = -0{,}12$, les produits de fission générés en début de cycle (surtout le Xénon) $\delta k = -0{,}03$ et le coefficient en température $\delta k = -0{,}01$ (Doppler à 300 °C). Les barres (ou grappes) de contrôle quasiment toutes abaissées rabaissent alors le coefficient multiplicateur En dessous de $k = 1$. L'assurance d'une sous-criticité plus importante est apportée par les barres de sécurité qui, lorsqu'elles chutent, entraînent une réactivité négative de l'ordre de $\delta k = -0{,}10$, ce qui est amplement suffisant. Bien entendu, au fur et à mesure du fonctionnement du réacteur, le combustible s'épuisant, la réactivité intrinsèque du réacteur diminue et, par conséquent, les marges de sécurité vis-à-vis de la criticité augmentent. En fait, l'on s'arrange toujours pour qu'à la fin d'un cycle, le réacteur soit à peine critique, même avec une dilution de bore nulle et toutes les barres de contrôle retirées.

LES RISQUES DANS LE NUCLÉAIRE

Le risque d'accident

Il y a plusieurs risques d'incidents ou d'accidents dans le fonctionnement d'une centrale nucléaire, comme d'ailleurs dans n'importe quelle installation industrielle. Une partie des accidents étudiés relèvent des accidents classiques (incendie, électriques, inondations...). Le seul point réellement spécifique au nucléaire concerne la radioactivité pouvant être relâchée dans l'environnement si par malheur des éléments radioactifs contenus dans le combustible venaient à rentrer en contact avec l'extérieur (l'air ou l'eau). La principale préoccupation de sûreté concerne donc le confinement de la matière radioactive. Toutes les études de sûreté sur un accident donné poseront donc la question suivante : l'accident en question est-il susceptible d'entraîner une perte de confinement ? Et si oui, quel sera l'impact sur l'environnement ?

Nous avons vu que seul le circuit d'eau primaire pouvait éventuellement entrer en contact avec le combustible dans l'hypothèse d'une rupture de gaine. Les accidents les plus analysés concernent donc le cœur et le circuit primaire. Il y a deux classes d'accidents plus particulièrement regardés : l'insertion de réactivité (induisant une surcriticité) et la perte de refroidissement (pouvant conduire à terme à la fusion du cœur).

La perte de refroidissement

La perte de refroidissement s'entend à la fois au primaire, au secondaire ou à la source froide, même si les temps de réaction requis dans chaque cas ne sont pas strictement identiques. On peut perdre le réfrigérant primaire soit par une rupture de tuyauterie (brèche), soit par une ouverture de la soupape du pressuriseur, soit encore à travers les circuits de secours (type Refroidissement du réacteur à l'arrêt RRA, forcément connectés au primaire) (Figure 4.1). La gravité de l'accident dépend bien entendu de la dimension de la fuite d'eau (une petite brèche laissera amplement le temps aux opérateurs de pouvoir réagir, pour autant qu'elle soit détectée). Si la fonction principale de refroidissement du cœur n'est plus assurée, et dans l'hypothèse où les systèmes de sécurité (injection de secours) ne sont pas activés, le combustible peut monter en température jusqu'à la fusion (de la gaine d'abord, du combustible ensuite). Le cœur liquide, mélange de combustible nucléaire et de matériaux de structures, appelé *corium*, coulera au fond de la cuve. Même si la cuve est très épaisse (23 cm), dans l'hypothèse où elle n'est pas refroidie, elle finira par percer (au bout d'un temps évalué en général entre 1 et 3 jours). Le corium s'épanchera alors sur le radier en béton sous la cuve. C'est une situation catastrophique qu'on essayera à tout prix d'éviter. Pour ce faire, le circuit primaire est constamment sous surveillance : pression, température et débit sont des paramètres contrôlés en permanence. Ensuite, des accumulateurs d'eau (il y a en a quatre, soit un par boucle) peuvent à tout moment injecter de l'eau à 40 bars dans le cœur. Sur le réacteur de type N4 (Chooz et Civaux), le pressuriseur est équipé d'un système de protection supplémentaire de surpression (on s'assure qu'une pression adéquate soit toujours maintenue). Les différents scénarios d'accidents de fusion du cœur sont également tous analysés en détail que ce soit par des méthodes dites déterministes que probabilistes.

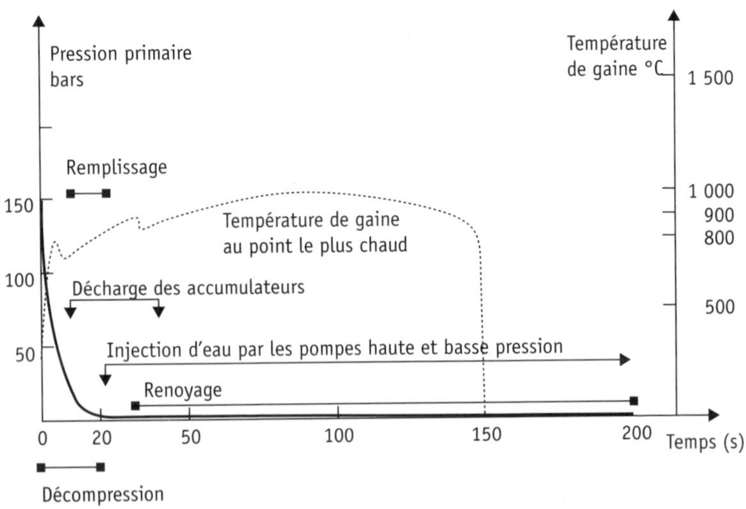

Figure 4.1 | Analyse d'un scénario de perte de réfrigérant dans le circuit primaire. On s'assure que la température du combustible ne dépasse pas une certaine valeur (ici 1200 °C), garantissant non seulement l'intégrité de la gaine, mais également une faible oxydation.

L'insertion de réactivité

L'autre accident de référence est une augmentation brusque de la réactivité pour une raison quelconque (rappelons que k doit être égal à 1, mais ne doit en aucun cas dépasser 1,0065). Si, par accident, le coefficient de multiplication venait à subir une augmentation soudaine (une barre de contrôle qui se retire malencontreusement, ou une rupture de la tuyauterie vapeur du secondaire lors d'un arrêt à chaud), que se passera-t-il (Figure 4.2) ? Il faudra alors analyser comment un cœur donné va réagir à cette augmentation de réactivité. C'est là que la conception du cœur va revêtir une importance décisive. Nous avons cité plus haut l'exemple de l'effet en température de la perte du caloporteur, qui était négative pour un REP (effet stabilisant), et cela d'autant plus que le combustible se consommait

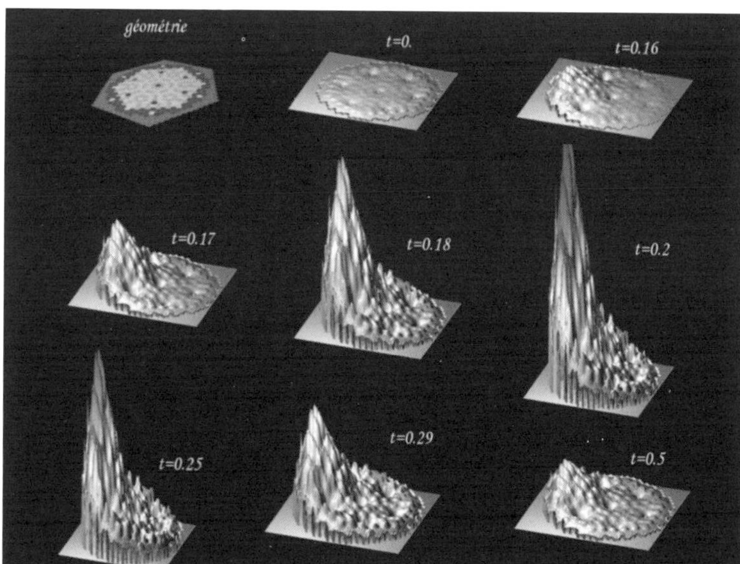

Figure 4.2 | Effet de la montée en puissance dans un réacteur à eau pressurisée dans un cas d'accident d'insertion de réactivité. La puissance augmente très brutalement. Ensuite, grâce aux contre-réactions négatives (Doppler et modérateur), la puissance du réacteur est réduite au bout d'une fraction de seconde.

(encore plus stable en fin de cycle qu'en début). Cependant, cet effet se trouve être positif dans le cas d'un réacteur modéré au graphite à faible puissance (cas de Tchernobyl). En effet, dans un REP, la perte du caloporteur entraîne automatiquement celle du modérateur (l'eau fait double fonction). Alors que dans un RBMK (réacteur russe type Tchernobyl), on peut perdre le réfrigérant primaire (l'eau) tout en conservant le modérateur (du graphite solide). Ceci n'est pas sans conséquence sur le comportement du cœur en cas d'accident.

Les rejets radioactifs

L'objectif principal est de garantir en toutes circonstances, même accidentelles, qu'il n'y aura aucun rejet d'éléments radioactifs vers l'environnement (atmosphère ou eau). En fonctionnement normal, un réacteur ne devrait théoriquement relarguer aucun produit radioactif. Cependant, en réalité, il y a toujours une infime fraction qui finit par se retrouver dans l'environnement. Le rejet d'une centrale nucléaire n'est donc jamais rigoureusement nul. En effet, lorsque le combustible irradié est retiré du cœur, il est déposé dans une piscine d'eau tout près du réacteur, en attente de refroidissement. Il y restera de 3 à 5 ans, le temps que les produits de fission à durée de vie courte (de durée de vie inférieure à quelques mois) disparaissent. Là, dans le cas où des crayons seraient rompus, certains éléments radioactifs peuvent entrer en contact avec l'eau de la piscine. Malgré la multiplication des filtres utilisés, on ne peut exclure un rejet minime dans l'eau ou dans l'air, surtout pour les produits de fission gazeux. Des mesures de rejets réels sont réalisées en permanence aux abords toutes les centrales nucléaires. Par exemple, celles effectuées à Golfech dans le Tarn-et-Garonne (qui comprend deux réacteurs de 1 300 MWe), indiquent un rejet annuel de 0,0026 mSv (rappelons que la radioactivité naturelle est de 2,4 mSv/an). Bien que non nul, ce rejet s'avère totalement négligeable. De plus, les progrès effectués sur le gainage du combustible ainsi que les efforts mis par les exploitants pour améliorer le filtrage et le nettoyage des piscines permettent de régulièrement réduire cet impact sur l'environnement.

Les risques sanitaires

Vu le niveau des rejets en fonctionnement normal (0,1 % de la radioactivité naturelle par centrale), on peut affirmer sans conteste que le risque sanitaire radiologique sur la population au voisinage des centrales nucléaires est inexistant. L'effort des recherches en sûreté est donc davantage orienté sur les moyens susceptibles de minimiser l'impact radiologique en cas d'accident grave (le risque zéro n'existe pas). En conséquence, un effort de sensibilisation de populations est effectué (au travers des Commissions locales d'information ou CLI) et des mesures préventives en cas de rejet d'éléments radioactifs peuvent être prises (comme la distribution de pastilles d'iode stable).

Les autres risques

Le risque *hydrogène* est apparu suite à l'accident de Three Mile Island (TMI) aux États-Unis. Les gaines du combustible nucléaire sont en zirconium, élément qui, au contact de l'eau peut s'oxyder à chaud en dégageant de l'hydrogène. Une évaluation de la grande quantité d'hydrogène relâchée en situation accidentelle indique un risque possible de déflagration à l'intérieur de l'enceinte. Des actions correctives ont été mises en œuvre consistant à disposer des catalyseurs (recombinant l'hydrogène) dans le bâtiment réacteur.

Le risque de *séisme* est très dépendant du site géographique. Le Japon, qui possède 55 réacteurs nucléaires, est en première ligne dans ce domaine. Le séisme du 16 juillet 2007 de magnitude 6,8 sur l'échelle de Richter, dont l'épicentre n'était qu'à 9 km de la plus grosse centrale du monde, celle de Kashiwazaki-Kariwa (7 réacteurs nucléaires, 250 km de Tokyo), est un bon exemple lié au risque sismique. Il y eut un incendie et des fissures sur certaines structures, mais il ne semble pas *a priori* que des dégâts importants aient été constatés sur les réacteurs proprement dits. En tout état de cause, la centrale a été arrêtée pour une longue période afin de répertorier très précisément l'impact réel du séisme sur tous ses composants. Le retour d'expérience de l'inspection détaillée consécutive à ce séisme sera certainement riche d'enseignements pour l'ensemble des réacteurs dans le monde.

Les risques d'*agressions extérieures*, comme les chutes d'avion, sont également étudiés. L'enceinte du bâtiment réacteur est une double paroi en béton armé précontraint d'épaisseur interne 1,2 m et de 0,55 m externe. L'enceinte interne peut résister à une pression de 4 bars et à une température de 140 °C. Des recherches sont menées sur le vieillissement du béton et la propagation des fissures. Sur l'EPR, les coques des bétons sont nettement renforcées (les parois, tant interne qu'externe, ont une épaisseur de 1,3 m), pouvant même résister à la chute d'un avion militaire à grande vitesse et d'un gros porteur à vitesse réduite. De plus, la paroi interne est entièrement étanche grâce à l'ajout d'une peau métallique (liner) de 6 mm d'épaisseur.

COMMENT GARANTIR LA SÛRETÉ ?

Le concept des trois barrières : une défense en profondeur

Le système de sûreté des centrales nucléaires repose sur un concept simple : la défense en profondeur grâce à trois barrières successives de confinement de la matière radioactive (Figure 4.3). La présence de l'une au moins de ces barrières doit suffire pour éviter la dissémination de la radioactivité. La première barrière est la gaine du combustible. C'est une gaine métallique (alliage de zirconium, 0,6 mm d'épaisseur, 4 m de long) qui peut résister à la pression des gaz de fission qui s'accumulent avec le temps (la gaine est préchargée en hélium sous pression pour compenser partiellement la pression de l'eau à 155 bars). Mais la première barrière est relativement fragile, du fait de la corrosion par l'eau et des fortes sollicitations auxquelles elle est perpétuellement soumise (chimiques, mécaniques, irradiation neutronique). Par ailleurs, il faut se rappeler qu'il y a environ 50 000 crayons par réacteur, ce qui accroît la probabilité de rupture d'au moins l'une des gaines. Il faut donc impérativement disposer d'une seconde barrière. C'est la cuve du réacteur. La cuve est une véritable pièce massive de chaudronnerie en acier très épais pouvant résister à la pression et revêtue en surface interne d'un acier inoxydable soudé (la cuve des 1300 MWe fait 13,6 m de hauteur pour un diamètre de 4,5 m, et pèse, pour une épaisseur de 22,5 cm près de 450 tonnes). Si, par accident, la seconde barrière venait à rompre (ce qui est déjà beaucoup moins probable que la première), le confinement des matières radioactives reposera alors sur une troisième barrière, l'enceinte du bâtiment réacteur. Ce concept des trois barrières successives permet de renforcer la confiance que l'on peut accorder au confinement effectif de la radioactivité en cas d'accident grave. Néanmoins, les études de sûreté parviennent à quantifier par la notion de probabilité de défaillance la perte de confinement.

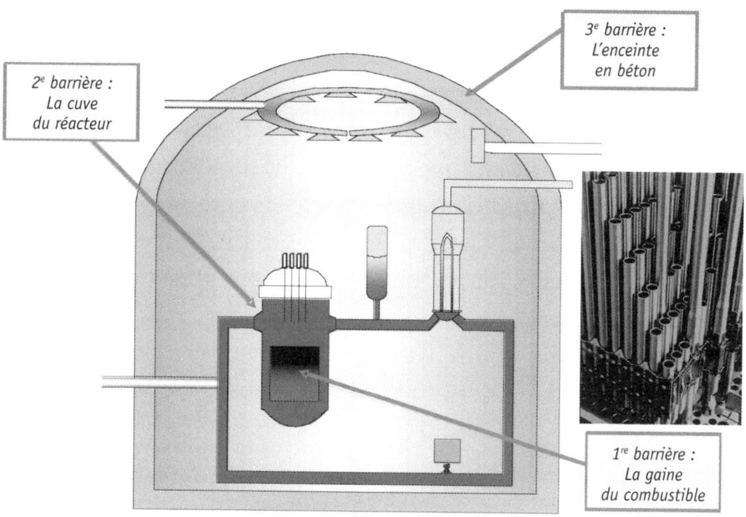

Figure 4.3 | La défense en profondeur illustrée par les trois barrières de confinement de la matière radioactive : la gaine, la cuve et l'enceinte.

L'automatisation

Les accidents nucléaires graves, comme on le verra par la suite, peuvent être consécutifs à des erreurs humaines qu'elles soient volontaires ou involontaires. L'automatisation progressive de certains dispositifs de sécurité permet de s'affranchir du facteur humain et de garantir que des (mauvaises) décisions non suffisamment réfléchies sont prises dans l'urgence (stress des opérateurs en situation d'accident). Les centrales modernes sont conçues de telle manière qu'aucune décision importante ne nécessitera une action rapide, dans les secondes ou les minutes suivant la détection de l'accident. Bien au contraire, les dispositifs automatiques (comme la chute des barres de sécurité ou l'injection des systèmes de sécurité d'eau) laisseront en général largement le temps de l'analyse et de la réflexion avant toute action corrective (typiquement la disponibilité se chiffrera en heures ou même en jours de délai).

La standardisation

C'est l'une des forces d'EDF qui dispose de 58 réacteurs nucléaires de même type, à eau pressurisée (le futur réacteur EPR est également un REP). Le parc nucléaire français est représenté sur la Figure 4.4. Ainsi, la grande majorité des systèmes utilisés pour la construction comme pour le fonctionnement sera quasiment identique d'un réacteur à l'autre. Outre l'économie que représente la fabrication en série des composants, l'analyse de sûreté et la maintenance pourra également être partagée par toutes les équipes opérationnelles. Par exemple, tout défaut, même mineur, constaté sur l'une des centrales pourra être préventivement corrigé sur les autres. Et toute amélioration de procédure pourra être immédiatement valide sur l'ensemble des centrales françaises.

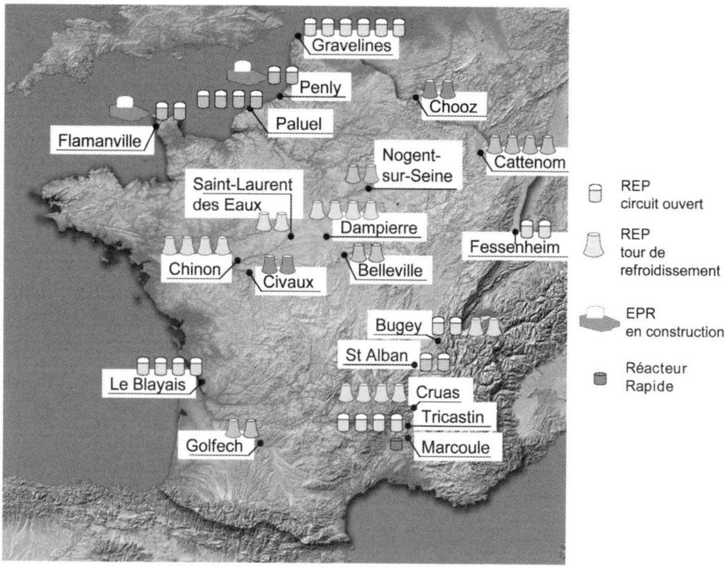

Figure 4.4 | Le parc nucléaire français est très homogène. Hors Phénix, qui s'est arrêté définitivement en 2010, il comprend 58 REP en fonctionnement (63,13 GWe installés) dont 34 à 900 MWe, 20 à 1300 MWe et 4 à 1450 MWe (Civaux et Chooz). Un nouveau réacteur EPR de 1 600 MWe est en construction à Flamanville[1].

Les études de sûreté

D'une manière générale, la sûreté consiste à établir des dispositifs qui doivent en fin de compte protéger au maximum l'homme et son environnement. L'évaluation de la pertinence et de l'efficacité d'un dispositif de sûreté est un exercice difficile car il présuppose que l'on connaisse parfaitement l'ensemble des scénarios accidentels qui s'y rattachent. Or, la plupart du temps, un accident survient à la suite d'un concours de circonstances que l'on n'avait pas initialement prévu. Pour schématiser, il y a deux approches différentes pour l'étude de la sûreté d'un réacteur. On peut faire une étude dite déterministe : on connaît (ou on définit) le scénario d'accident et on essaye d'identifier les défaillances possibles (internes ou externes). On propose alors des remèdes à ces

1. En février 2009, la construction d'un second EPR sur le site de Penly a été décidée.

défaillances (mitigation par des dispositifs de sûreté). On évalue ensuite les défaillances de ces dispositifs eux-mêmes (deuxième niveau) et l'on peut multiplier les défenses pour minimiser ces risques. Une autre approche consiste à faire une étude statistique ou probabiliste. On affecte une probabilité de défaillance à chaque composant et l'on essaye de calculer la probabilité d'occurrence d'un événement donné (par exemple la fusion du cœur). La dangerosité du risque est alors quantifiée (par une probabilité) et l'événement associé est alors évalué en fonction du risque correspondant (relâchement de la radioactivité et effets sanitaires sur l'homme). Cette analyse a l'avantage de jauger du poids relatif de certains composants et par conséquent de pouvoir travailler à l'amélioration des plus importants. Bien entendu, les données d'entrée sont essentielles (événements initiateurs et probabilités de défaillance). Les deux approches se basent sur des données expérimentales et sur des recherches amont car les phénomènes physiques mis en jeu lors d'un accident grave sont complexes et qu'il est très difficile (voire impossible) de réaliser des essais en vraie grandeur dans ce domaine. Néanmoins, le retour d'expérience des 1000 années.réacteurs d'EDF permet d'apporter quelques pistes d'améliorations. Les études probabilistes réalisées sur les REP 900 MWe à l'occasion de la troisième visite décennale de ces réacteurs, ont estimé le risque de fusion du cœur à une probabilité inférieure à 10^{-5} par an (c'est-à-dire de 1 pour 100 000). Les contributions les plus importantes qui ressortent de cette étude sont la brèche dans le circuit primaire et la perte des alimentations électriques externes. Des études similaires ont été menées sur l'EPR, qui ne peut être pour l'instant évalué que sur le papier (pas de retour d'expérience). Elles indiquent que ce réacteur de troisième génération devrait présenter une sûreté accrue d'un facteur 10 (probabilité de fusion inférieure à 6×10^{-7})[1].

1. Il faut préciser que, même en cas de fusion partielle du cœur (avec la très faible probabilité indiquée), l'impact sur l'environnement devrait être limité par la troisième barrière avec un rejet minimal de radionucléides à l'extérieur de l'enceinte de confinement. De plus, au cas où le corium fondu percerait la cuve, un récupérateur de corium a été prévu pour assurer l'étalement et le refroidissement du cœur en fusion.

LES ACCIDENTS NUCLÉAIRES

L'échelle de sûreté

Suite à l'accident de Tchernobyl, l'AIEA (Agence internationale de l'énergie atomique, voir encadré) s'est inspirée des échelles existantes dans le domaine du séisme ou des tempêtes tropicales pour proposer l'échelle INES (*International Nuclear Event Scale*) dans le domaine nucléaire (Figure 4.5). Cette échelle a été adoptée par la plupart des pays nucléarisés en 1991 (une cinquantaine) permettant de classer les incidents ou accidents répertoriés sur leurs installations nucléaires. Les échelles de 1 à 3 sont des incidents, et ceux supérieurs à 4 des accidents nucléaires.

L'AIEA

Basée à Vienne en Autriche, l'Agence internationale de l'énergie atomique est une organisation de l'ONU en charge du contrôle des matières nucléaires. Elle défend une utilisation exclusivement pacifique du nucléaire. En pratique, quasiment tous les États sont membres de l'AIEA. L'AIEA peut exercer des contrôles inopinés dans les États signataires du Traité de non prolifération (TNP) avec pour mission d'empêcher le détournement d'installations civiles vers des applications militaires. Malheureusement, certains États ont refusé d'adhérer au TNP et ont volontairement développé l'arme nucléaire tandis que d'autres ont tenté de la développer clandestinement. Lorsqu'un État signataire du TNP fait manifestement obstruction au contrôle, l'AIEA peut porter le dossier correspondant devant le conseil de sécurité de l'ONU.

Entre 1986 et 2006, on a répertorié en France 1675 incidents nucléaires dont 1615 de niveau 1, 59 de niveau 2 et un seul de niveau 3. L'incident de niveau 3 concernait en fait un transport FedEx entre la Suède et les États-Unis en passant par Roissy d'un colis radioactif ayant un débit de dose hors normes. Les écarts au fonctionnement survenus sur des installations nucléaires n'induisant aucune conséquence du point de vue de la sûreté ne font pas l'objet d'une catégorisation et sont dits de niveau zéro (il y en a plusieurs centaines par an).

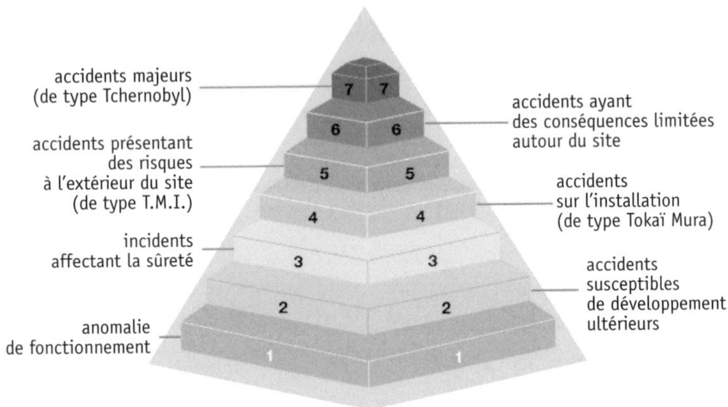

Figure 4.5 | Classement des accidents nucléaires selon l'échelle de gravité internationale.

Les accidents nucléaires

Il y a eu trois accidents nucléaires majeurs dans le monde, qui font référence dans toutes les études de sûreté. Leurs conséquences sont largement analysées et décortiquées afin d'en extraire les enseignements utiles aux autres réacteurs en fonctionnement. Le premier est celui de la centrale de Three Mile Island aux États-Unis survenu le 28 mars 1979. Le second est l'explosion du réacteur N° 4 de Tchernobyl en Ukraine le 26 avril 1986. Le troisième est l'accident récent de Fukushima au Japon le 11 mars 2011.

Le premier accident a été très riche d'enseignements mais n'a eu aucune conséquence sur l'environnement. Quant au second, c'est sans conteste l'accident nucléaire le plus catastrophique au cours duquel une grande quantité d'éléments radioactifs a été disséminée dans l'atmosphère.

Three Mile Island

L'accident de Three Mile Island (TMI), qui a mené à la fusion du cœur du réacteur, a été requalifié de classe 5 sur l'échelle INES. C'est un cas d'école montrant comment une accumulation d'erreurs humaines et de défaillances techniques peut engendrer un véritable accident. Tout a démarré par une simple défaillance du circuit d'alimentation en eau des générateurs de vapeur. Très normalement, le circuit primaire réagit par une élévation de pression et de température. Au-delà d'une certaine pression, atteinte au bout de 3 secondes, la vanne du pressuriseur s'ouvre. La turbine et le réacteur s'arrêtent. Jusque-là, rien que de très banal... La pression redescendant, l'ordre automatique de fermeture de la vanne est donné. Mais la vanne ne se ferme pas et reste en position ouverte. C'est là que tout déraille. Le circuit primaire continuant à se vider, l'injection de sécurité d'eau est actionnée. Les opérateurs, croyant que la vanne est fermée (ils avaient un voyant allumé indiquant l'ordre de fermeture), et constatant que le pressuriseur se remplissait, arrêtent manuellement l'injection de secours. À noter que par-dessus le marché, la mise en route de l'alimentation de secours des GV était indisponible à cause d'une négligence de la maintenance (au cours d'un test du GV deux jours auparavant, une vanne y avait été oubliée fermée). Sans eau dans le circuit primaire, le cœur n'est plus refroidi. C'est l'accident. Au bout d'une heure et demie, les pompes primaires cavitent (parce que l'eau commence à bouillir dans le cœur). Les opérateurs les arrêtent pensant que la convection naturelle serait suffisante. En réalité, la circulation était bloquée par l'énorme quantité d'hydrogène dégagée par la corrosion du zirconium à haute température. Le cœur est dénoyé et la température y devient si élevée que près de la moitié du combustible va fondre. Ce n'est qu'au bout de 2 heures 20 minutes qu'un opérateur va, sans vraiment comprendre ce qu'il faisait, fermer une vanne d'isolement en aval du pressuriseur et stopper l'hémorragie du circuit primaire. 20 % du combustible fondu avait coulé au fond de la cuve, qui a fort heureusement résisté. De même, l'enceinte de confinement a joué pleinement son rôle de troisième barrière en empêchant tout relâchement de radioactivité vers l'environnement. Suite à l'accident de TMI, la conduite des centrales nucléaires a été entièrement revue dans le monde entier.

Tchernobyl

Les réacteurs RBMK russes sont basés sur un modérateur graphite avec de l'eau comme caloporteur. Nous avons précédemment signalé que cette configuration entraînait un coefficient de vide positif à basse puissance. Le concept même de ce réacteur était donc instable dans une zone de puissance donnée. Mais la catastrophe là encore ne se produira qu'à la suite d'un concours de circonstances malheureuses et d'erreurs humaines évidentes. Tout commence par une décision d'effectuer un test pour les systèmes de sûreté du réacteur (un comble !). On voulait savoir si, en cas de panne électrique, les turbines du réacteur étaient capables d'alimenter les pompes des systèmes de secours en attendant que les diesels démarrent (40 secondes). Ce test devait se faire à 20 % de la puissance nominale. Pour des raisons de gestion du réseau électrique, on repoussa l'heure de l'arrêt et le réacteur dut fonctionner à 50 % de sa puissance pendant 9 heures avant de pouvoir commencer le test. Or, c'est précisément la durée de vie du xenon 135, un produit de fission qui se trouve également être un gros poison neutronique. Lors du démarrage de l'expérience, les opérateurs constatent que la puissance n'est que de 1 % de la puissance nominale (au lieu des 20 % attendus, justement à cause de l'empoisonnement xénon). Ne comprenant pas ce qui se passe, ils décident quand même d'outrepasser les consignes de sécurité et de retirer les barres de contrôle. La puissance ne monte qu'à 8 %. C'est une zone éminemment instable de ce réacteur. Les opérateurs persistent et décident de continuer l'expérience. Ils déconnectent les signaux d'arrêt d'urgence et mettent les pompes en route. L'eau absorbant les neutrons, il fallut encore retirer un peu plus les barres de contrôle. L'instabilité due au coefficient de vide fit le reste et le réacteur devint critique prompt. C'est l'accident (Figure 4.6). Les opérateurs actionnent la coupure d'urgence ordonnant la chute de toutes les barres, y compris celles de sécurité, mais la chute est trop lente (20 s) et les barres se trouvent coincées à 1/3 de leur course. De plus, ces barres étaient mal conçues, de sorte que leur insertion fit d'abord augmenter la réaction plutôt que la réduire. La puissance du cœur croît exponentiellement pour atteindre près de 100 fois la puissance nominale. Le combustible fond. Une explosion vapeur se produit et la pression augmente considérablement jusqu'à soulever la dalle en béton de 2000 tonnes. L'oxygène de l'air enflamme le graphite. N'ayant pas d'enceinte de confinement (troisième barrière), une grande quantité d'éléments radioactifs est directement libérée et rejetée dans l'atmosphère. Ce nuage radioactif va être emporté et dispersé par les vents. Il traversera quasiment l'ensemble des pays d'Europe, saupoudrant plus ou moins localement les éléments radioactifs au gré des précipitations. Les populations les plus affectées sont certainement celles situées dans un rayon d'une vingtaine de kilomètres autour de Tchernobyl, notamment vers le nord, en Biélorussie. L'une des conséquences sanitaires de l'accident est sans conteste l'excès observé de cancers de la thyroïde chez les enfants, dus à l'accumulation par la glande d'iode radioactif 131 (de période 8 jours). On déplore au moins 15 décès sur plus de 4000 cas recensés[1]. Selon le rapport conjoint de l'OMS et de l'AIEA publié en 2005[2], le bilan sanitaire global de la catastrophe est de 56 morts directs et de 4000 morts futurs estimés par cancer[3] sur 6 millions de personnes exposées aux rayonnements (dont 600 000 « liquidateurs » ayant reçu

1. Le cancer de la thyroïde se soigne plutôt bien (taux de survie supérieur à 96 %). Cependant, la personne passe souvent le reste de son existence sous dépendance hormonale.

2. « *Chernobyl's Legacy: Health, Environmental and Socio-Economic Impacts* », téléchargeable en ligne sur http://www.who.int/ionizing_radiation/chernobyl/

3. Il est très délicat de faire des projections fiables sur le nombre de morts à venir dus à de futurs cancers attribuables à Tchernobyl car ce chiffre est très dépendant des hypothèses choisies. Pour bien mettre en perspective, il faut simplement souligner que 100 000 cancers mortels sont « naturellement » attendus dans la population des liquidateurs.

en moyenne 133 mSv). Aujourd'hui, on peut encore en mesurer des traces radioactives dans les sols (en particulier le césium 137 qui a une durée de vie de 30 ans).

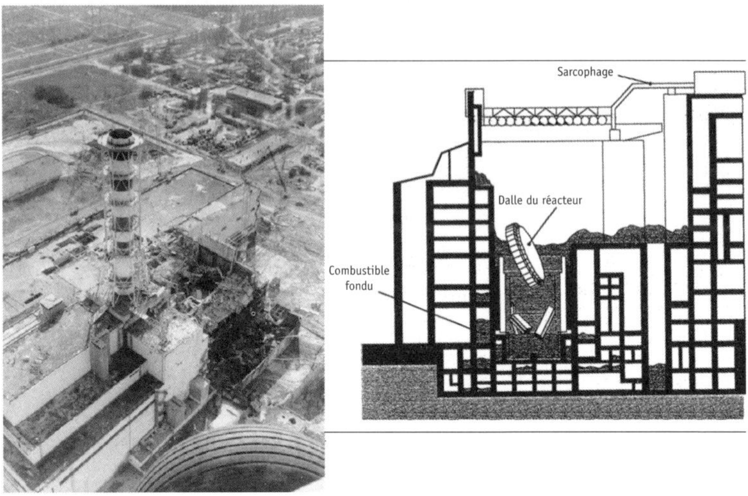

Figure 4.6 | Le réacteur de Tchernobyl après l'accident nucléaire. Le hall du réacteur a été complètement soufflé par l'explosion qui a soulevé les deux mille tonnes de la dalle supérieure en béton, libérant les produits radioactifs dans l'atmosphère.

Fukushima

Le 11 mars 2011, un violent tremblement de terre de magnitude 9 secoue le nord-est du Japon. Instantanément, les réacteurs à eau bouillante de la centrale de Fukushima (Figure 4.7) s'arrêtent par insertion des barres de sécurité. L'alimentation électrique externe est coupée entraînant automatiquement le démarrage des diesels de secours.

Mais le tremblement de terre a provoqué un raz-de-marée gigantesque qui déferle quelques minutes plus tard sur les terres en une vague immense dépassant les 10 mètres. La centrale de Fukushima I se retrouve rapidement submergée par les flots et toutes les installations, comme la station de pompage en mer ou les réserves de carburant des diesels, sont littéralement laminées. La perte totale de la source froide et de toute source d'alimentation électrique empêche la mise en route des pompes des alimentations de secours. Seul le circuit dit RCIC (*Reactor Core Isolation Cooling*), qui possède une turbopompe pouvant être mue par la vapeur, peut continuer à fonctionner. Cependant, ce circuit ne permet qu'un petit temps de répit car d'une part, il ne fait qu'injecter dans la cuve de l'eau contenue dans le tore de l'enceinte de confinement (sans évacuation de chaleur vers l'extérieur) et d'autre part, les vannes de ce circuit sont alimentées par des batteries qui se déchargent au bout de quelques heures. Le combustible se retrouvant partiellement dénoyé dans la cuve et non refroidi continue à chauffer jusqu'à la rupture de la gaine, libérant les produits de fission d'abord dans la cuve puis dans l'enceinte de confinement. De plus, la température de la gaine devient telle qu'une réaction très exothermique d'oxydation par la vapeur d'eau va générer de grandes quantités d'hydrogène.

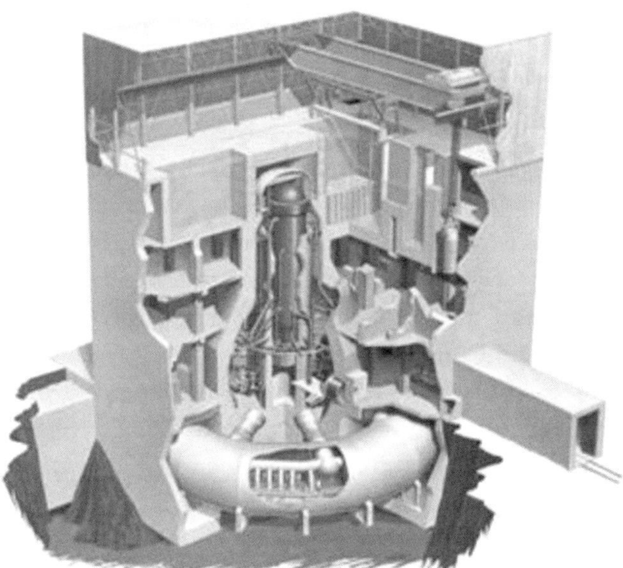

Figure 4.7 | Dessin du réacteur à eau bouillante Mark I de General Electric. L'enceinte de confinement rapprochée est inertée à l'azote et communique avec un tore contenant un volume d'eau liquide servant à la dépressurisation.

Un déroulement quasiment similaire de l'accident a lieu sur les trois réacteurs qui étaient en fonctionnement le 11 mars. La pression augmente dans l'enceinte de confinement dépassant le niveau maximal admissible. Pour éviter la rupture, les opérateurs de l'entreprise TEPCO sont contraints à une dépressurisation dans le bâtiment non confiné. Des produits radioactifs comme l'iode, le césium ou le tellure se retrouvent ainsi relâchés dans l'environnement. Heureusement, une évacuation de la population sur un rayon de 20 km autour de la centrale sera ordonnée préalablement aux opérations de relâchement. En guise de complication, l'hydrogène contenu dans la vapeur va causer une explosion dans deux des trois réacteurs, soufflant les toits des bâtiments. Sur le réacteur N° 2, une déflagration est entendue au niveau du tore, entraînant probablement une perte du confinement. En ultime recours, tous les réacteurs sont noyés avec de l'eau de mer, seule source d'eau disponible en grande quantité et à portée de main. Des pompiers appelés en renfort tentent de déverser de l'eau par tous les moyens (lances à incendie, hélicoptère) sur les trois réacteurs et sur la piscine du quatrième. Finalement, après deux semaines d'urgence, les commodités sont progressivement rétablies sur le site (électricité puis apport d'eau douce) et le refroidissement des réacteurs stabilisé grâce à une injection continue d'eau.

N'ayant pas encore assez de recul à ce jour, il est difficile d'établir un bilan complet de cet accident. Ce que l'on peut dire, c'est qu'il n'a causé, pour l'instant, aucune victime directe. Malgré le dégagement de grandes quantités d'éléments radioactifs dans l'environnement, la population japonaise n'a apparemment subi qu'une irradiation limitée (les plus exposés ayant accumulé moins de 30 mSv). En revanche, il reste encore à évaluer l'impact radiologique sur les travailleurs de la centrale qui continuent à tenter de maintenir le refroidissement des cœurs et qui auront probablement pour lourde tâche d'assainir les lieux après la catastrophe (Figure 4.8).

Figure 4.8 | Vue aérienne de la centrale de Fukushima I après la catastrophe (photographie prise par TEPCO). On remarque les dégâts causés par l'explosion hydrogène sur les toits des bâtiments des réacteurs 1 et 3.

LES AUTORITÉS DE SÛRETÉ

Qu'est-ce qu'une INB ?

Une Installation nucléaire de base (IBN) est une installation dont le fonctionnement est réglementé et qui peut y abriter des matières radioactives. Un réacteur nucléaire, une usine de traitement chimique du combustible usé ou une usine de fabrication de combustible sont des INB. Il en existe environ 125 en France. Chaque INB se doit de se mettre en conformité avec les normes de sûreté et de sécurité qui lui sont imposées par les autorités.

L'ASN

En 2006, le législateur français a créé une Autorité de sûreté nucléaire (ASN) totalement indépendante des exploitants d'installations nucléaires. L'ASN a pour mission la protection des travailleurs, du public et de l'environnement des risques liés à l'utilisation du nucléaire. Elle rend compte directement au Parlement français de ses actions. C'est elle qui, en final, élabore les normes et les procédures d'autorisation de mise en service, comme celles par exemple d'un réacteur nucléaire. Pour certaines de ses décisions, l'ASN s'appuie sur des expertises techniques extérieures, étayées le cas échéant par des travaux de recherche, notamment sur les experts de l'Institut de radioprotection et de sûreté nucléaire (IRSN). La loi relative à la transparence et à la sécurité en matière nucléaire (dite « loi TSN »), confère également à l'ASN le rôle d'information du public et lui permet de rendre compte chaque année de l'état de la sûreté nucléaire et de la radioprotection en France.

5

Que faire des déchets nucléaires ?

« Le temps est un grand maître, il règle bien des choses. »
Pierre Corneille

La gestion du temps est un paramètre d'importance pour les déchets nucléaires. Il s'agira d'isoler les éléments irradiants de l'homme et de son environnement suffisamment longtemps pour que la décroissance radioactive fasse son œuvre. Nous décrirons comment le nucléaire, probablement l'industrie la plus encadrée par le législateur et la plus contrôlée par l'Autorité de sûreté, répertorie, trie, traite et gère tous les déchets qu'elle émet. Le recyclage apparaît comme un outil efficace de gestion apportant davantage de souplesse.

QUELS SONT LES DÉCHETS NUCLÉAIRES ?

Composition du combustible usé

Après avoir séjourné plus de 3 ans dans le cœur du réacteur nucléaire et fourni environ 45 GWj/t[1] d'énergie nucléaire par fission,

1. La performance d'un combustible est mesurée en énergie totale fournie (GW.jours) par tonne de métal lourd.

l'assemblage combustible déchargé n'est plus utilisable tel quel. Il est alors retiré du cœur et plongé dans une piscine d'eau située près du réacteur pour une période allant de 3 à 5 ans, en attente de refroidissement (Figure 5.1).

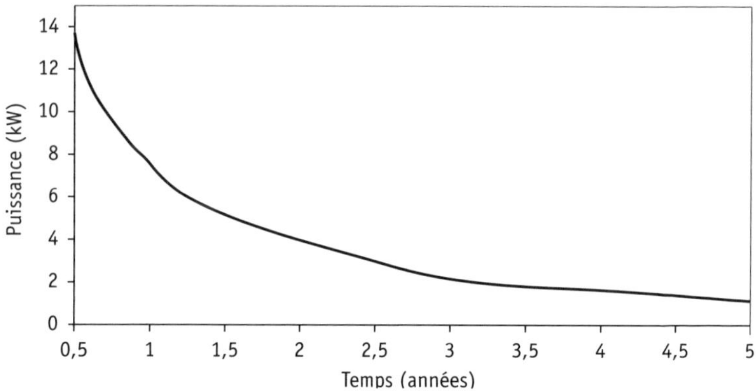

Figure 5.1 | Refroidissement d'un assemblage combustible après décharge. La chaleur est principalement générée par les produits de fission à vie courte.

Ce combustible usé contient trop de produits de fission (absorbants neutroniques) et plus assez de matière fissile (0,85 % d'uranium 235 et 1 % de plutonium). Cependant, il renferme encore beaucoup de matière valorisable (Figure 5.2). En particulier, près de 95 % de son poids est toujours composé d'uranium (principalement l'isotope fertile uranium 238). Il contient également 1 % de plutonium dont une grande partie se trouve être le plutonium fissile 239 (fabriqué précisément par capture neutronique sur l'uranium 238), élément hautement intéressant énergétiquement parlant (mais également militairement stratégique). Il contient aussi d'autres actinides formés (voir encadré) par captures successives dont certains sont fissiles, mais en faible quantité (0,08 %). C'est pourquoi on les dénomme *actinides mineurs*[1]. Ce sont principalement le neptunium

1. Par opposition aux actinides majeurs que sont l'uranium et le plutonium.

(Np), l'américium (Am) et le curium (Cm), éléments radioactifs n'existant pas à l'état naturel. Seuls les produits de fission (4 à 5 % du poids de l'assemblage) sont réellement considérés comme des déchets non valorisables. À noter que chaque fission générant deux produits de fission, la masse de ces déchets ultimes est directement proportionnelle à l'énergie fournie et ne dépend ni du réacteur, ni de la matière combustible utilisée.

LES ACTINIDES

Ce sont les éléments de numéro atomique compris entre Z = 89 (actinium) et Z = 103 (lawrencium) correspondant au remplissage d'une même couche électronique. Le thorium, l'uranium et le plutonium sont des actinides.

La composition massique d'un combustible REP initialement enrichi à 3,5 %, ayant séjourné trois années dans un réacteur de 1300 MWe puis après avoir refroidi pendant 3 ans dans la piscine, est détaillée dans le Tableau 5.1.

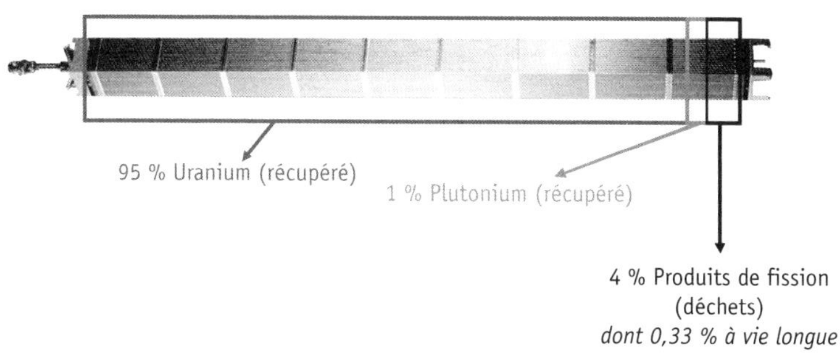

Figure 5.2 | Près de 96 % du combustible usé est récupéré. Les déchets ultimes ne représentent que 4 % de l'assemblage. Les produits de fission radioactifs ayant une longue durée de vie n'en représentent que 0,33 %.

Tableau 5.1. ***Composition atomique d'un combustible usé ayant produit 33 GWj/t. Les déchets ultimes non valorisables représentent moins de 4 % de l'assemblage.***

Élément	(pourcentage en poids)		(wppm)
Uranium	95,58 %		
Plutonium	0,97 %	dont	
Actinides mineurs	0,08 %	Np	434
		Am	324
		Cm	26
Produits de fission	3,37 %	dont	
		Xe	5 400
		Nd	3 900
		Zr	3 650
		Mo	3 450
		Ce	2 850
		Cs	2 700
		Ru	2 250
		Ba	1 400
		Pd	1 300
		La	1 250
		Pr	1 200
		Sr	880
		Tc	814
		Te	560
		Y	470
		Rh	390
		Kr	370
		I	270
		Pm	110
		Se	55
		Sn	51
		Ni	43
		Nb	13
		Autres	350
Total	100,00 %		

Les autres déchets nucléaires

Bien que le combustible représente la majeure partie des déchets radiotoxiques, il convient d'ajouter à l'inventaire l'ensemble des matériaux des structures et des gainages (coques, embouts d'assemblages et grilles de maintien). Ces structures ne contiennent pas de matières nucléaires à proprement parler (uniquement sous forme de traces). Cependant, ayant subi de fortes irradiations neutroniques, ces matières se trouvent être activées, c'est-à-dire qu'elles sont devenues radioactives suite à des réactions nucléaires. Quelques produits de fission y sont également implantés. Ces déchets de structures, tout comme les déchets dits technologiques (comme les circuits hydrauliques en acier inoxydable ou les polymères) vont être compactés sous forme de galettes cylindriques, puis empilées dans des conteneurs métalliques spécifiques (voir Figure 5.3). Ils formeront les déchets dits compactés.

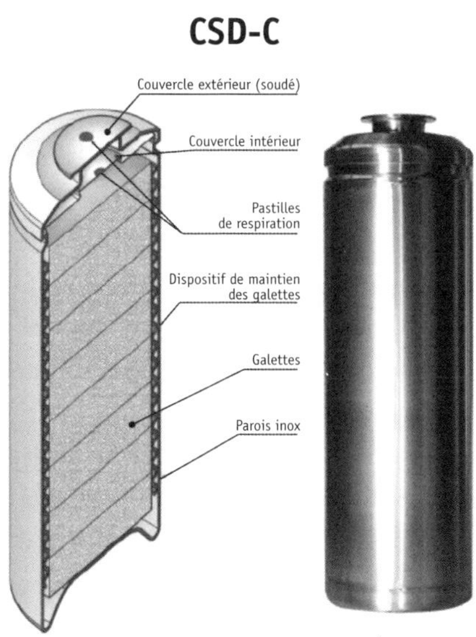

Figure 5.3 | Le colis standard de déchets compactés (dit CSD-C) des coques et embouts. Le colis mesure 1,33 m de hauteur pour un diamètre de 43 cm et pèse environ 650 kg.

Par ailleurs, lors du fonctionnement du réacteur, l'on produit également des déchets de faible ou de moyenne activité à durée de vie courte (inférieure à 30 ans). Pour être complet, il faut également mentionner que l'extraction de l'uranium (en amont du cycle) génère une grande quantité de résidus miniers radioactifs naturels, de très faible activité (les descendants de l'uranium). Nous préciserons plus loin le devenir de chacun de ces déchets.

LA CLASSIFICATION DES DÉCHETS

La classification d'un déchet radioactif repose sur deux paramètres principaux : son activité et sa période. On différencie d'abord les radioéléments à vie courte (VC < 30 ans) de ceux à vie longue (VL > 30 ans). Ensuite, on les catégorise par leur niveau de radioactivité : TFA (très faible activité), FA (faible activité), MA (moyenne activité) et HA (haute activité). Le Tableau 5.2 résume l'ensemble de la classification des déchets radioactifs en France dans lequel le niveau de radioactivité de la catégorie correspondante est précisé. Par ailleurs, l'origine de ces déchets est très diverse. Tous les déchets nucléaires ne proviennent pas exclusivement des centrales nucléaires. Les centres de traitement du combustible, les centres de recherche, les hôpitaux et certaines industries sont également producteurs de déchets. Sur le tableau, nous avons indiqué le volume estimé en 2020 correspondant à chaque catégorie de déchets, tel que fourni par l'inventaire de l'ANDRA[1]. Remarquons qu'en 2020, l'ensemble des déchets hautement radioactifs, produits de 70 ans d'électronucléaire en France, ne représentera que 3600 m^3 (c'est-à-dire l'équivalent en volume d'une piscine olympique). Les déchets TFA et FMA-VC ont déjà des centres de stockage adaptés. Les autres exutoires sont pour l'instant encore à l'étude.

1. « Inventaire national des déchets radioactifs et des matières valorisables », Rapport de synthèse de l'ANDRA, édition 2006.

Tableau 5.2. ***Classification des déchets nucléaires selon leur radioactivité et leur durée de vie. Les déchets TFA et FMA-VC ont déjà des exutoires identifiés. Le devenir des déchets MA-VL et HA est assujetti à la loi sur les déchets votée en 2006. Les volumes indiqués sont issus de l'inventaire national effectué par l'ANDRA en 2006.***

Classification des déchets nucléaires	Vie courte < 30 ans	Vie longue > 30 ans
Très faible activité (TFA)	**Déchets TFA** Démantèlement *Activité :* < 100 Bq/ g (β, γ), < 10 Bq/g (α) *Volume 2020 :* 581 000 m^3 Les déchets miniers (33 millions de m^3 sont stockés sur place) *Devenir :* Stockage au centre TFA de Morvilliers (Aube)	
Faible activité (FA)	**Déchets FMA-VC** maintenance, outils, chiffons, traitement chimiques, démantèlement *Activité FA-VC :* < 3 700 Bq/g (β, γ) + quelques (α) *Activité MA-VC :* < 1 MBq/g (β, γ) et < 3 700 Bq/g (α) *Volume 2020 :* 1 200 000 m^3 À l'étude pour les déchets tritiés *Devenir :* Centre de stockage de l'Aube (en surface)	**Déchets FA-VL** (radifères, graphites) *Activité :* < 100 kBq/g graphites (β, γ) < 10 kBq/g radifères (α) *Volume 2020 :* 105 000 m^3 *Devenir :* Stockage à l'étude, probablement stockage géologique
Moyenne activité (MA)		**Déchets MA-VL** Coques et embouts, grilles Colis SCD-C compactés *Activité :* < 1 GBq/g, essentiellement (β, γ) *Volume 2020 :* 55 000 m^3 *Devenir :* Stockage à l'étude, probablement stockage géologique
Haute activité (HA)	**Déchets HA** Combustible nucléaire Colis CSD-V vitrifié *Activité :* > 1 GBq/g *Volume 2020 :* 3 600 m^3 *Devenir :* Stockage à l'étude, probablement stockage géologique	

Déchets industriels en France (en kg/an et par habitant)

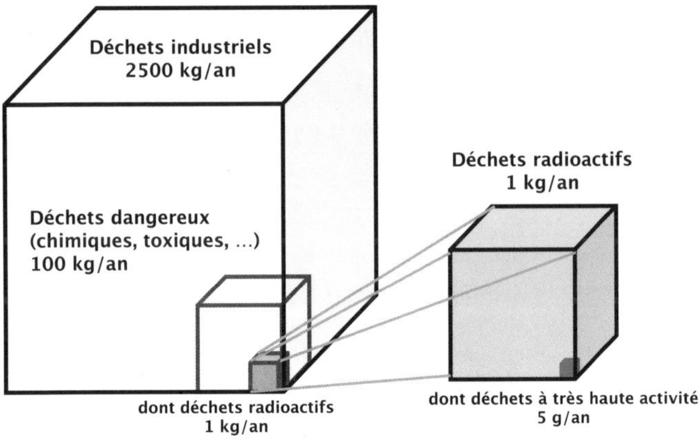

Figure 5.4 | Les déchets radioactifs ne représentent qu'une infime partie (0,04 %) de la totalité des déchets industriels produits en France. Quant aux déchets de haute activité, ils ne représentent que 0,5 % de ces 0,04 %, soit 5 grammes par habitant et par an.

LA RADIOTOXICITÉ DES DÉCHETS

Le volume total de déchets nucléaires de haute activité est très faible (Figure 5.4). Cependant, la dangerosité réelle d'un colis radioactif ne se mesure pas exclusivement à sa quantité, mais également à son activité (en Bq) et à son impact sur l'homme et son environnement (en Sv) – se reporter pour cela au chapitre 2 sur la radioactivité. On affecte généralement une radiotoxicité (exprimée en Sv/t) au contenu d'un colis de déchets, chiffre qui exprime en quelque sorte la toxicité potentielle de la radioactivité totale contenue dans ce colis. Ce n'est pas forcément rigoureux du point de vue médical car les radionucléides ne se transféreront pas immédiatement dans notre corps (personne ne pourra ingurgiter des tonnes de déchets hautement radioactifs). Mais c'est une façon commode (et généralement majorante) permettant de jauger du potentiel radioactif associé à chaque déchet. Cela fait également l'économie d'interminables discussions sur la manière dont chaque élément va se propager dans le temps et dans l'espace pour arriver jusqu'à l'homme. On a coutume de comparer cette radiotoxicité à celle du minerai naturel d'uranium (l'isotope uranium 238 seul fournit une activité de 12 350 Bq/g. Comme le facteur de dose engagée par inhalation de l'uranium donné par la CIPR 72 pour un adulte est de $2,9 \times 10^{-6}$ Sv/Bq, cela correspond donc à 35 800 Sv/t). L'on considérera qu'un colis de déchet sera pratiquement inoffensif (ou plus exactement aussi dangereux que de l'uranium naturel) lorsque sa radiotoxicité aura décru jusqu'au niveau du minerai naturel d'uranium (de radiotoxicité $2,2 \times 10^5$ Sv/t). Notons sur la Figure 5.5 que pour atteindre cette valeur sur un combustible usé sans retraitement aucun, il faudra patienter pendant plus de 300 000 ans.

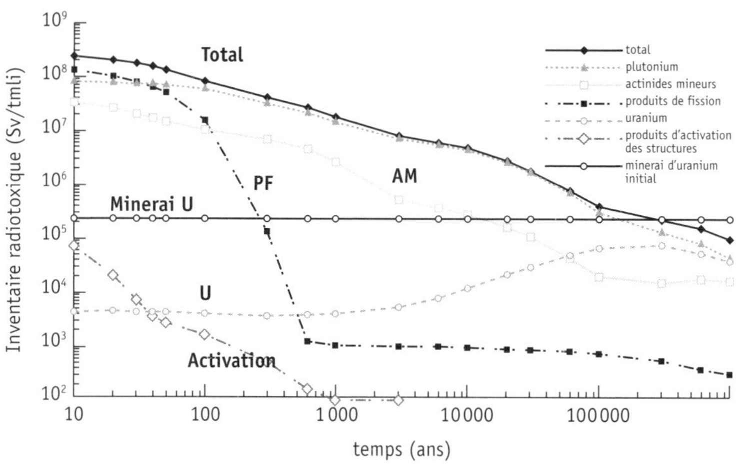

Figure 5.5 | Radiotoxicité potentielle du combustible nucléaire en fonction du temps[1]. La contribution du plutonium est clairement prédominante. Les produits de fission (PF) contribuent d'une manière significative uniquement les 300 premières années. Viennent ensuite les actinides mineurs, qui dominent les PF au-delà de 200 ans.

1. Source : B. Boullis, Clefs CEA N° 46.

C'est une durée de temps quasiment géologique, en tout cas très grande à l'échelle humaine, qui dépasse et de loin tout horizon prédictible. C'est la raison essentielle pour laquelle, bien que les déchets de haute activité soient produits en quantité somme toute limitée, leur présence a engendré beaucoup de débats sociétaux, souvent très passionnés. Un homme, un pays ou même une civilisation ne peut en aucun cas garantir un contrôle sur une échelle de temps de 300 000 ans ! Il nous est même difficile d'imaginer ce que sera la terre ou notre civilisation actuelle dans quelques centaines d'années.

LE TRAITEMENT-RECYCLAGE DU COMBUSTIBLE USÉ

Le traitement du combustible permet d'une part de récupérer les matières valorisables énergétiquement (uranium et plutonium) et d'autre part de réduire significativement la radiotoxicité des déchets ultimes. Si l'on arrive à correctement trier les déchets réellement inutilisables c'est-à-dire essentiellement les produits de fission des autres matières nucléaires, on fait en quelque sorte coup double. Au prix d'un traitement chimique, parfois complexe, mais en fin de compte relativement peu onéreux (se reporter au chapitre sur l'économie du nucléaire), on peut résoudre (au moins en grande partie) le problème des déchets nucléaires.

La séparation chimique

La société AREVA-NC (anciennement COGEMA) utilise un procédé chimique (dit PUREX, *Plutonium Uranium Refining by EXtraction*) mis au point par les Américains en 1945 pour l'extraction de l'uranium et du plutonium du combustible usé. Ce procédé, industrialisé sur les usines UP2 et UP3 de la Hague (Figure 5.6), est d'une très grande efficacité. Le rendement réel de récupération des matières par le procédé PUREX peut dépasser 99,9 %.

Figure 5.6 | Vue aérienne de l'usine de retraitement de la Hague (Manche).

Le principe de la séparation chimique liquide-liquide consiste tout d'abord à dissoudre le combustible usé dans de l'acide nitrique. Les crayons combustibles sont cisaillés en tronçons d'environ 30 mm de long qui tombent dans un dissolveur contenant de l'acide nitrique concentré et bouillant (voir Figure 5.7). Le combustible se dissout dans l'acide alors que la gaine métallique, insoluble, est récupérée sous forme solide (les coques de gaines sont dirigées vers l'atelier de compactage).

La solution nitrique contenant tous les éléments du combustible passe alors dans un extracteur dans lequel on a rajouté un solvant non miscible contenant une molécule très spéciale, le tributylphosphate (TBP). Cette molécule miracle a la particularité de fixer préférentiellement l'uranium et le plutonium, avec un extraordinaire facteur de sélectivité (supérieur à 1000). Alors que le TBP emprisonne l'uranium et le plutonium dans la phase organique, tous les autres éléments (PF et AM) restent dans la phase aqueuse nitrique. Ensuite, le solvant est acheminé vers un premier désextracteur qui récupère séparément le plutonium (en milieu réducteur) puis vers un deuxième désextracteur pour récupérer l'uranium en effectuant une opération de redissolution dans de l'acide nitrique peu concentré. Quant à la solution nitrique qui renferme l'ensemble des produits de fission obtenue lors de la première phase de séparation par le TBP, elle sera dirigée vers l'atelier de vitrification.

Figure 5.7 | Dissolveur rotatif de l'usine UP3 de La Hague. La roue à godets fait environ 4 mètres de diamètre.

La vitrification

Après clarification, la solution contenant les déchets de haute activité est envoyée dans un four où les produits sont calcinés, puis mélangés à de la fritte de verre dans un creuset. Le mélange est fondu par un chauffage à induction dans le creuset puis coulé dans un conteneur en acier inoxydable, le CSD-V (Conteneur standard de déchets vitrifiés) (Figure 5.8). Les produits de fission se trouvent ainsi emprisonnés dans une matrice en verre solide. Cette matrice vitreuse est très robuste et peut garder son intégrité même en présence d'eau, comme en témoignent les analogues naturels retrouvés au fond des mers (Figure 5.9).

Figure 5.8 | Coulée de verre contenant les produits de fission radioactifs. Quelque 400 kg de verre fondu contenant 14 % de produits de fission sont directement coulés dans un conteneur en acier (CSD-V) de même dimensions que le CSD-C (1,33 m de hauteur pour 43 cm de diamètre).

Figure 5.9 | Bloc de verre ayant séjourné près de 2000 ans au fond de la mer Méditerranée indiquant qu'un verre fracturé peut largement résister pendant des millénaires même dans des conditions très agressives.

Les déchets vitrifiés, qui ne représentent que 0,2 % du volume total des déchets radioactifs, renferment 91,7 % de la radioactivité totale. L'opération de traitement-recyclage se solde donc également par une réduction notable du volume des déchets ultimes à stocker. L'usine de La Hague a déjà produit plus de 14 000 colis vitrifiés. Ces déchets de haute activité sont pour l'instant entreposés dans des alvéoles dans un grand hall à La Hague (Figure 5.10), en attente d'un exutoire définitif[1].

1. À l'exception des déchets étrangers qui sont renvoyés vers le producteur d'origine.

Figure 5.10 | Hall d'entreposage des déchets vitrifiés de La Hague. Chaque puits est ventilé et peut contenir jusqu'à 12 colis de déchets vitrifiés empilés.

Séparation des actinides mineurs

En ce qui concerne les actinides mineurs (Np, Am et Cm), des procédés chimiques plus élaborés sont à l'étude dans le cadre des lois successives de 1991 et de 2006 sur la gestion des déchets nucléaires. La séparation poussée des actinides mineurs s'effectue en plusieurs étapes. Tout d'abord, par un aménagement du procédé standard PUREX (augmentation de l'acidité lors de la première charge), le neptunium peut être extrait de la même manière que l'uranium et le plutonium. On peut ainsi obtenir 99 % d'efficacité de séparation du neptunium. Ensuite, les actinides et les lanthanides trivalents (familles chimiques identiques) sont extraits, toujours par un procédé chimique liquide-liquide, en utilisant un solvant contenant une nouvelle molécule diamide. Enfin, la troisième étape consistera à séparer les actinides des lanthanides. Pour finir, le curium sera lui-même séparé de l'américium. La démonstration de faisabilité technique de cet ensemble de procédés chimiques en cascade a été réalisée avec succès en 2005 sur l'installation ATALANTE (CEA Marcoule) sur

15 kg de combustible irradié (Figure 5.11). L'objectif de cette séparation poussée est de pouvoir un jour recycler l'ensemble des actinides mineurs (nous verrons qu'il sera possible de transmuter ces actinides dans les réacteurs) pour, *in fine*, n'envoyer vers l'atelier de vitrification que les seuls produits de fission.

Figure 5.11 | Le bâtiment ATALANTE sur le site du CEA à Marcoule (Gard) dans lequel une démonstration de séparation des actinides mineurs a été réalisée en novembre 2005 sur 15 kg de combustible nucléaire irradié. (© JM. Taillat/ AREVA-CEA).

LES FLUX DE DÉCHETS NUCLÉAIRES

Considérons le parc EDF de réacteurs nucléaires, qui comprend à ce jour 58 réacteurs à eau pressurisée. Il a besoin d'être alimenté chaque année par 1080 tonnes de combustibles neufs (uranium enrichi à 4 % en moyenne), sans compter la centaine de tonnes de combustible MOX[1] (*Mixed OXides*) qui recycle une partie du plutonium. L'ensemble des flux de toutes les matières nucléaires, de l'extraction au stockage, peut être représenté sur la figure ci-après.

1. EDF a l'autorisation de « moxer » (c'est-à-dire de charger partiellement en combustibles MOX) 22 de ses 28 réacteurs de 900 MWe. Aujourd'hui, environ un tiers du combustible chargé dans ces réacteurs est un combustible MOX contenant du plutonium (environ 7 % en masse). Le MOX est fabriqué à l'usine MELOX d'AREVA dans le Gard.

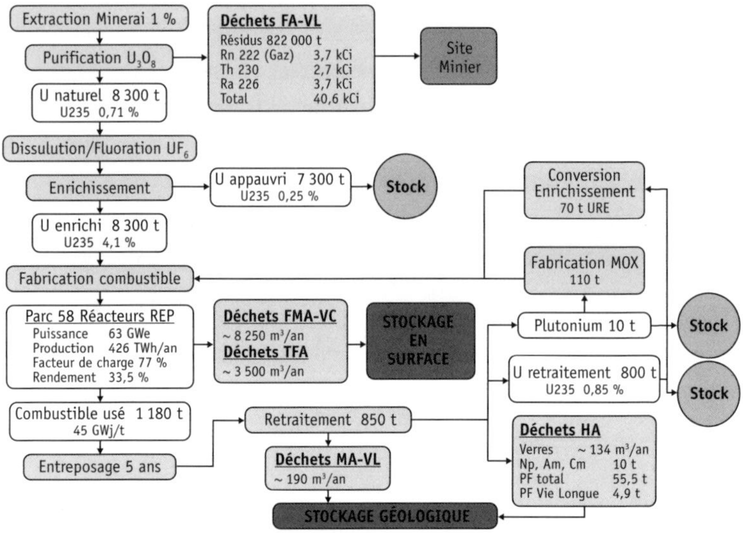

Figure 5.12 | Flux annuel de matières et déchets nucléaires relatif au parc nucléaire français, hors démantèlement et déconstruction. L'uranium appauvri, l'uranium de retraitement et une partie du plutonium sont soigneusement stockés car ils pourraient être réutilisables dans les futurs réacteurs de 4e génération.

La Figure 5.12 nous donne une vue d'ensemble de tous les flux de déchets annuels liés à l'utilisation énergétique de l'énergie nucléaire. Notons que les quelque 7000 tonnes d'uranium appauvri, ainsi qu'une partie de l'uranium de retraitement, sont soigneusement stockés car ils constituent une réserve de combustible valorisable dans les futurs réacteurs de 4e génération (nous en reparlerons dans un chapitre ultérieur). Le flux volumique de déchets vitrifiés à haute activité produit est de 134 m^3/an.

LE STOCKAGE DES DÉCHETS

Les déchets miniers, issus de l'extraction du minerai d'uranium, sont généralement stockés sur place (rappelons que leur radioactivité est d'origine naturelle). Les déchets de très faible activité sont stockés sur le site de Morvilliers (Aube) qui a ouvert en 2003 (Figure 5.13).

Les déchets nucléaires de faible et moyenne activité à vie courte sont stockés dans le Centre de stockage de l'Aube (CSA, à Soulaines). Quant au centre de stockage de la Manche (à Beaumont-Hague), il a accueilli son dernier colis en 1994 et fait, depuis 2003, l'objet d'une simple surveillance.

Figure 5.13 | Vue aérienne du centre de stockage des déchets de très faible activité (TFA) sis à Morvilliers (Aube). On aperçoit également en arrière-plan le centre de stockage de l'Aube (Soulaines), renfermant les colis de déchets de faible et de moyenne activité.

Quant aux colis de déchets de moyenne activité à vie longue et de haute activité, leur devenir est pour l'instant à l'étude selon les termes de la loi sur la gestion des déchets radioactifs votée en juin 2006. Le gouvernement a autorisé l'ANDRA (voir encadré), par décret du 3 août 1999, à construire un laboratoire de recherche scientifique à 500 mètres de profondeur. Situé à la limite de la Meuse et de la Haute-Marne, ce laboratoire se trouve à l'intérieur d'une couche argileuse âgée de 150 millions d'années. Des études de migration des radioéléments à travers la barrière ouvragée (le concept multibarrières est également mis en œuvre pour les sites de stockage) puis à travers les diverses couches de roches (d'argile et de calcaire) y sont menées. Ces études devraient permettre de confirmer l'excellent confinement des déchets à haute activité et à vie longue sur de très longues durées de temps dans un stockage géologique.

L'ANDRA

L'Agence Nationale pour la gestion des Déchets RAdioactifs est un établissement en charge de la gestion de la totalité des déchets radioactifs français qu'ils soient produits par les industriels du nucléaire ou par les autres producteurs (hôpitaux, laboratoires de recherche, universités). L'ANDRA exploite et surveille les centres de stockage existants et étudie les solutions possibles pour le stockage des déchets n'ayant pas encore d'exutoire établi comme les déchets de haute activité ou les déchets radifères et graphite.

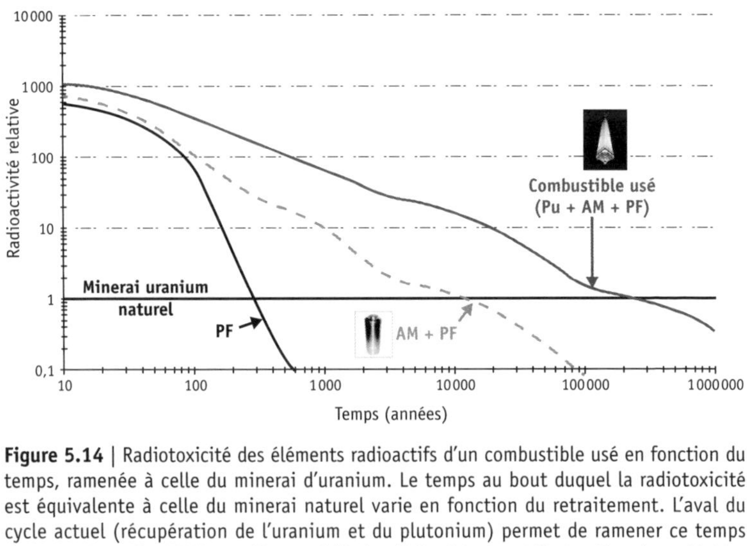

Figure 5.14 | Radiotoxicité des éléments radioactifs d'un combustible usé en fonction du temps, ramenée à celle du minerai d'uranium. Le temps au bout duquel la radiotoxicité est équivalente à celle du minerai naturel varie en fonction du retraitement. L'aval du cycle actuel (récupération de l'uranium et du plutonium) permet de ramener ce temps de 300000 ans à 10000 ans. Un procédé plus élaboré incluant l'extraction des actinides mineurs réduirait ce temps à uniquement 300 ans.

En tout état de cause, il est tout à fait réaliste de penser qu'un jour la séparation poussée des actinides pourra être mise en œuvre à l'échelle industrielle. Dans cette hypothèse, seuls les produits de fission seraient vitrifiés. La radiotoxicité potentielle des colis que l'on enverrait alors vers le stockage géologique deviendrait moindre que celle du minerai naturel d'uranium au bout de seulement 300 ans (Figure 5.14). Toutes les considérations et discussions philosophiques sur les échelles de temps dépassant l'entendement humain ou sur les legs à nos descendants n'auraient alors plus lieu d'être. À ce moment-là, l'on pourra être en mesure d'affirmer que le problème des déchets nucléaires est résolu !

6

L'uranium, un minerai pas comme les autres

> *« D'où l'uranium emprunte t-il l'énergie qu'il émet avec une telle persistance ? »*
> Henri Becquerel en 1896 après avoir découvert que les sels d'uranium émettaient spontanément des rayonnements.

Les réacteurs actuels doivent être alimentés par un combustible fabriqué à partir du minerai d'uranium naturel. Bien que la quantité nécessaire soit faible par unité d'énergie produite en comparaison aux autres combustibles, cette matière première exclusivement utilisée par le nucléaire possède des propriétés très particulières.

D'OÙ VIENT L'URANIUM ?

Un don du ciel

Comme tous les éléments plus lourds que le fer, l'uranium a pu être fabriqué lors d'une explosion de supernova (voir chapitre 1). Tous les éléments plus lourds que le plomb étant radioactifs[1], ne

1. Voir la note 3 du chapitre 2 sur le bismuth 209.

subsistent sur Terre que ceux dont la durée de vie est de l'ordre de grandeur de l'âge du système solaire, c'est-à-dire 4,5 milliards d'années. Il n'y en a que deux : l'uranium (avec ses deux isotopes uranium 235 et uranium 238) et le thorium (un seul isotope, le thorium 232).

Abondance sur Terre

L'uranium étant un élément très lourd, l'on s'attendrait à ce que son abondance relative, conséquence d'une explosion de supernova, soit très faible. C'est effectivement ce que l'on constate dans le manteau terrestre et que toutes les analyses faites sur des météorites confirment. Son abondance moyenne est mesurée être aux alentours de 0,010 ppm[1] (10^{-8}). Signalons au passage que la majeure partie de la source d'énergie thermique de la terre (20 TW) est précisément attribuée à la radioactivité interne. La chimie très particulière de l'élément uranium fait qu'il a tendance à se combiner plus facilement aux minéraux des roches qu'au fer du noyau terrestre. C'est pourquoi, lors de la formation de la terre, il y a probablement eu appauvrissement en uranium dans le manteau, l'uranium ayant préféré migrer puis se concentrer dans la croûte terrestre. Une analyse fine de la composition de la croûte terrestre (sur une épaisseur de 10 à 30 km) nous montre effectivement un contenu en uranium de l'ordre de 1,5 ppm (soit 150 fois plus élevé que dans le manteau). Bien entendu, très localement dans les mines, des concentrations bien plus élevées peuvent être rencontrées allant de 0,05 % (soit 500 ppm) jusqu'à plus de 20 % (cas exceptionnel des mines de Cigar Lake et de Mc Arthur River au Canada). L'eau de mer contient environ 0,003 ppm d'uranium.

1. 1 ppm = 1 part par million = 10^{-6}.

LES MINES D'URANIUM

Le minerai

Les deux principaux minerais contenant de l'uranium sont la pechblende (U_3O_8, utilisée par Pierre et Marie Curie pour la préparation de sels de radium) et l'uraninite (UO_2) (Figure 6.1). D'autres minéraux, dits secondaires, comme l'autunite (qui tire son nom de la région d'Autun) ou la torbernite contiennent des phosphates d'uranium associés à d'autres éléments chimiques comme le calcium ou le cuivre, ce qui leur donne des couleurs très caractéristiques et des propriétés de fluorescence (Figure 6.2). Les minerais d'uranium en France étant généralement de faible teneur (de l'ordre de 1 % ou moins), leur exploitation a été progressivement abandonnée au profit des mines du Canada, d'Afrique ou du Kazakhstan (Figure 6.3).

Figure 6.1 | Principaux minerais d'uranium (pechblende à gauche et uraninite à droite).

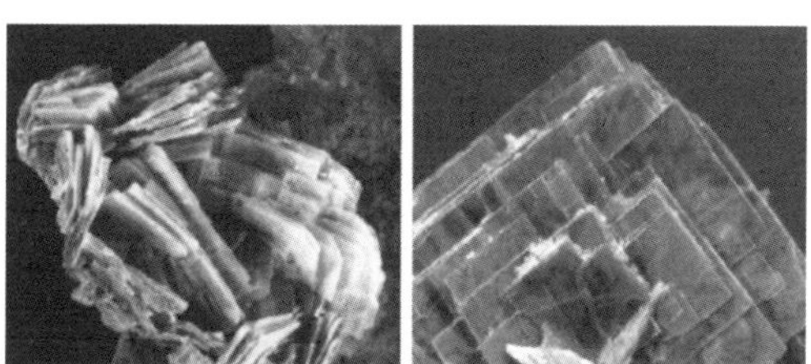

Figure 6.2 | L'autunite (gauche) et la torbernite (droite) sont des minéraux d'uranium fortement colorés. L'autunite est fluorescente aux UV.

Figure 6.3 | Une mine d'uranium à ciel ouvert dans le désert de Namibie.

Les gisements d'uranium

Les gisements d'uranium sont habituellement répertoriés selon le mécanisme de leur minéralisation. Il y a principalement deux modes principaux invoqués pour expliquer la formation de filons uranifères[1] dans lesquels de fortes concentrations en uranium sont trouvées. Le premier est hydrothermal. Des eaux oxydantes lessivent des roches contenant l'uranium, en général des granits (concentration initiale de 4 ppm). Ces eaux traversent ensuite des séries sédimentaires dont certains niveaux sont réducteurs, par exemple des niveaux argileux ou des niveaux riches en matière organique, qui favorisent la précipitation. Le second mécanisme invoqué est celui de la cristallisation du magma en fusion. Au fur et à mesure que les minéraux dissous cristallisent dans la poche où s'est introduit le magma, les cristaux sédimentent et s'accumulent à la base de la chambre. Il se produit

1. B. Bonin et P.L. Blanc, chapitre 1 de *L'uranium, de l'environnement à l'homme*, Collection IPSN, coordonné par H. Métivier.

alors une ségrégation qui dépend de la composition chimique. C'est ainsi que l'on trouve par exemple au Kazakhstan de grands dépôts uranifères dans les failles des roches volcaniques.

L'EXTRACTION

L'extraction du minerai d'uranium se fait traditionnellement soit à ciel ouvert (28 %) soit par travaux miniers souterrains (43 %). Des techniques plus modernes comme la *lixiviation in situ* (par injection de solutions acides ou basiques, également utilisées pour extraire le cuivre ou l'argent sont de plus en plus mises en œuvre (15 %) car elles évitent de lourds travaux miniers. D'autres techniques sont également mises en œuvre comme la lixivation en tas.

Quelquefois, l'uranium peut être avantageusement extrait en tant que sous-produit lors de la production d'autres minerais, comme l'or, le cuivre ou les phosphates. Dans ce cas, il peut être économiquement intéressant de le récupérer, même si sa teneur massique est inférieure au pourcent (c'est le cas par exemple des phosphates pour lesquels la teneur en uranium varie typiquement entre 50 ppm et 300 ppm).

L'activité minière de l'uranium se différencie des activités minières classiques par la présence de radioactivité. Dans une mine d'uranium, l'air est fortement radioactif à cause de l'exhalation du radon (on peut facilement y atteindre les dizaines de milliers de Bq par mètre cube). Par ailleurs, plus la teneur en uranium est élevée, plus le minerai extrait sera radioactif. Il faut donc impérativement mettre en place des mesures de sécurité spéciales comme des systèmes d'arrosage et de ventilation permanente pour diminuer l'irradiation et réduire les concentrations en poussières et en radon.

La concentration du minerai

Comme la teneur en uranium est généralement faible, il faut concentrer le minerai sur place pour ne pas alourdir les coûts du transport. Le minerai extrait des mines souterraines ou à ciel ouvert est d'abord broyé et concassé en poudre fine puis dissous dans une solution acide (acide sulfurique chaud). On sépare alors la solution uranifère liquide des résidus miniers solides. On précipite ensuite l'uranium contenu dans la solution obtenue sous forme d'uranates ou de nitrate d'uranyle. Le précipité est filtré, lavé puis séché. Le résultat est une pâte d'un jaune éclatant contenant environ 75 % d'uranium appelée *yellowcake* (Figure 6.4). L'uranium est généralement vendu par la compagnie minière soit sous cette forme d'uranates soit sous la forme d'une poudre oxydée (U_3O_8 de couleur gris-noir).

Figure 6.4 | Poudre jaune obtenue par concentration du minerai d'uranium (*yellowcake*).

LA CONVERSION

Afin de pouvoir procéder à l'étape d'enrichissement qui suit, l'uranium doit être préparé sous forme gazeuse. C'est l'étape dite de *conversion*. On commence par dissoudre le *yellowcake* dans une solution d'acide nitrique. Après purification (liquide-liquide, comme dans l'aval du cycle), on précipite le nitrate pur puis on le calcine pour obtenir un oxyde. L'oxyde est réduit en UO_2 solide puis transformé en tétrafluorure d'uranium (UF_4, sel vert) par une attaque à l'acide fluorhydrique. L'UF_4 est ensuite lui-même transformé en hexafluorure d'uranium (UF_6) gazeux dans un réacteur à flamme en présence de fluor. L'UF_6 gazeux est refroidi puis liquéfié sous pression et coulé par gravité dans des conteneurs. On le laisse se solidifier (pendant 5 jours) dans le conteneur avant transport. À signaler que l'UF_6 est solide à température ambiante, mais se sublime dès que sa température dépasse 56,4 °C (il passe directement de l'état solide à l'état gazeux). Il possède un point triple à une température de 64 °C et à une pression légèrement plus élevée que la pression atmosphérique (1,5 bars). Il peut donc être liquéfié sous pression à haute température. En France, la conversion de l'uranium s'effectue dans les usines Comurhex (filiale à 100 % d'AREVA-NC) sur ses sites de Malvési (Aude) et du Tricastin (Drôme).

L'ENRICHISSEMENT

Dans toutes les étapes décrites précédemment, la proportion de l'isotope fissile uranium 235 dans l'uranium est exactement celle de l'uranium naturel, c'est-à-dire 0,71 % en poids. Afin de pouvoir correctement l'utiliser comme combustible dans les réacteurs à eau, il est nécessaire d'augmenter le pourcentage d'atomes de cet isotope dans l'uranium (3,5 % à 5 %, voire 20 % ou même 93 % pour certains réacteurs de recherche). C'est l'étape d'*enrichissement.* Il y a plusieurs procédés qui permettent l'enrichissement isotopique de l'uranium. Les plus importants sont la diffusion gazeuse, l'ultracentrifugation et la séparation par laser. D'autres procédés existent, mais sont très gourmands en coûts et en énergie. Citons la séparation électromagnétique (utilisée pendant la seconde guerre mondiale par les Américains à Oakridge) et la résonance cyclotronique ionique, les procédés aérodynamiques (étudiés en Afrique du Sud) ou les procédés chimiques ou moléculaires.

La diffusion gazeuse

C'est la première technique utilisée et appliquée à l'échelle industrielle depuis la Seconde Guerre mondiale (Figure 6.5). Le principe consiste à pomper de l'hexafluorure d'uranium gazeux à travers une membrane poreuse percée de trous minuscules (< µm). Les molécules d'hexafluorure d'uranium 235, plus légères que celles d'hexafluorure d'uranium 238, traversent un peu plus rapidement la membrane, ce qui permet d'enrichir peu à peu l'uranium. Étant donné la masse très voisine des deux isotopes, la vitesse thermique de l'uranium 238 est à peine plus faible que celle de l'uranium 235 (la différence de vitesse est dans le rapport de la racine des masses, soit 0,43 %). C'est pourquoi, en France, dans l'usine d'enrichissement de Pierrelatte (usine Eurodif du Tricastin dans la vallée du Rhône, fournissant plus du quart de la production mondiale d'uranium enrichi, Figure 6.6), l'opération doit être répétée 1400 fois (les diffuseurs sont mis en série). L'uranium doit être assez enrichi (à 4 %) pour être utilisable dans les centrales nucléaires. Le besoin en énergie pour cette technique est donc très important (en France, 16,8 TWh soit 4 % de notre production nucléaire, est exclusivement consacrée à l'usine d'enrichissement).

Figure 6.5 | Principe de la diffusion gazeuse[1]. Du gaz UF_6 injecté à haute pression est pompé à travers une membrane poreuse. Le gaz à basse pression récupéré est légèrement plus riche en atomes d'uranium 235.

1. Image en provenance de la compagnie USEC, Bethesda, MD, États-Unis, tirée du site web : www.usec.com

Figure 6.6 | L'usine Georges Besse d'enrichissement de l'uranium à Pierrelatte (Drôme). On notera les quatre réacteurs nucléaires qui permettent d'alimenter en énergie cette usine (dans la pratique, seuls trois d'entre eux suffisent).

L'ultracentrifugation

L'ultracentrifugation est un procédé d'enrichissement quasiment aussi ancien que la diffusion gazeuse. Il offre plusieurs avantages. Il est d'abord facile à mettre en œuvre, relativement bon marché et peu consommateur d'énergie. Les centrifugeuses modernes à paliers magnétiques consomment moins de 60 kWh par UTS[1] au lieu des 2400 kWh/UTS pour la diffusion gazeuse, soit 40 fois moins ! (Figure 6.7).

Ce procédé utilise l'action de la force centrifuge sur de l'hexafluorure d'uranium gazeux contenu dans un récipient tournant à grande vitesse autour d'un axe. Comme dans une essoreuse, l'intensité des forces centrifuges étant proportionnelle à la masse des corps, les atomes d'uranium 238 sont projetés vers la périphérie.

1. L'UTS est l'Unité de travail de séparation. Pour une même masse d'uranium, le nombre d'UTS nécessaire croît avec l'enrichissement. Il faut typiquement 6 UTS pour enrichir 1 kg d'uranium à 4 %.

Le gaz au centre du récipient est enrichi en uranium 235 tandis que le gaz près de la paroi est appauvri. Il n'y plus qu'à écoper le gaz enrichi au centre du récipient. Là encore, le coefficient d'enrichissement est faible, mais nettement meilleur que celui de la diffusion gazeuse (il est de 1,2 au lieu de 1,002). Si l'on souhaite obtenir un enrichissement suffisant, de nombreuses centrifugeuses en cascade sont nécessaires.

Figure 6.7 | Cascade de centrifugeuses. Une centrifugeuse type Rome fait 5 mètres de haut pour un diamètre de 50 cm. Le rotor tourne à plus de 20000 tr/min. Une batterie de milliers de centrifugeuses est nécessaire si l'on veut enrichir de grandes quantités.

De par ses avantages, ce procédé d'ultracentrifugation sera probablement le procédé dominant d'enrichissement dans le monde (seuls les États-Unis et la France utilisent encore la diffusion gazeuse). AREVA prévoit de remplacer prochainement l'usine d'EURODIF par une nouvelle usine d'ultracentrifugation (Georges Besse II). Pour ce faire, le groupe nucléaire français s'est associé au groupe européen URENCO (Allemagne, Pays-Bas, Grande-Bretagne), spécialiste de la fabrication de centrifugeuses et qui dispose en 2010 d'une capacité de production de 13 MUTS par an.

De par sa facilité de mise en œuvre, signalons au passage que ce procédé pose le problème aigu de la non-prolifération de matière nucléaire enrichie (nous en reparlerons au chapitre 9).

La séparation isotopique par laser

Un autre procédé, la Séparation isotopique par laser sur la vapeur atomique de l'uranium (SILVA), a également connu une phase de recherche et de développement intense tant aux États-Unis qu'en France. Dans ce procédé, de l'uranium métallique est d'abord vaporisé par bombardement électronique (Figure 6.8). Des faisceaux laser sont envoyés sur la vapeur d'uranium produite. En sélectionnant correctement les longueurs d'onde des lasers, on est capable d'ioniser sélectivement l'uranium 235, sans trop ioniser l'isotope uranium 238. L'ion uranium 235 pourra ensuite être collecté sur des plaques chargées électriquement. L'uranium 238, neutre car non ionisé par les lasers, va se condenser en ligne droite sur un collecteur placé en haut du séparateur. Le procédé est peu gourmand énergétiquement parlant (du même ordre de grandeur que l'ultracentrifugation), mais relativement sophistiqué (technologie) et coûteux en opération (maintenance). Le CEA a réussi à démontrer en 2003 la faisabilité technique de cette méthode d'enrichissement sur des pilotes (près de 200 kg d'uranium enrichi y ont été produits). Le choix industriel s'étant porté sur l'ultracentrifugation, les recherches et les développements de ce procédé sont aujourd'hui arrêtés.

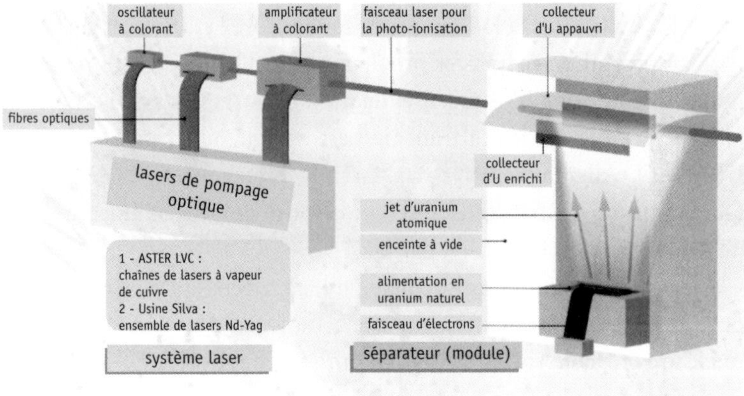

Figure 6.8 | Principe de la séparation isotopique par laser. Un faisceau d'électrons chauffe de l'uranium qui se vaporise. Des lasers permettent d'ioniser préférentiellement l'isotope fissile de l'uranium, qui est dévié sur des plaques par une tension électrique.

L'uranium appauvri

Dans tout procédé d'enrichissement, si la masse d'entrée est de l'uranium naturel (à 0,71 %), nous retrouvons en sortie deux produits contenant de l'uranium. D'une part, nous avons bien évidemment la masse d'uranium enrichi (entre 3,5 et 5 %) qui forme le produit souhaité, mais nous obtenons forcément d'autre part de l'uranium appauvri (comprenant une teneur isotopique qui peut varier entre 0,2 et 0,3 %[1]). Du coup, il faut 8 tonnes d'uranium naturel pour fabriquer une seule tonne d'uranium enrichi à 4 % (Figure 6.9). En même temps sont produits 7 tonnes d'uranium appauvri (à 0,25 %). Le travail nécessaire à l'enrichissement est généralement exprimé en UTS (pour Unité de travail de séparation). L'enrichissement à 4 % d'un kg d'uranium correspond à environ 6 UTS. L'usine d'EURODIF, alimentée par trois réacteurs nucléaires de 900 MWe, possède une capacité d'enrichissement de 10,8 millions d'UTS par an (soit 18 %

1. La teneur du rejet fait l'objet d'un optimum économique entre le prix de l'uranium et le prix de l'UTS. Plus le prix de la matière première est élevée, plus l'on aura intérêt à choisir une teneur de rejet faible pour récupérer au maximum l'isotope uranium 235.

de la production mondiale de 60 MUTS/an). Il existe un marché mondial de l'UTS (un UTS vaut actuellement environ 100 €).

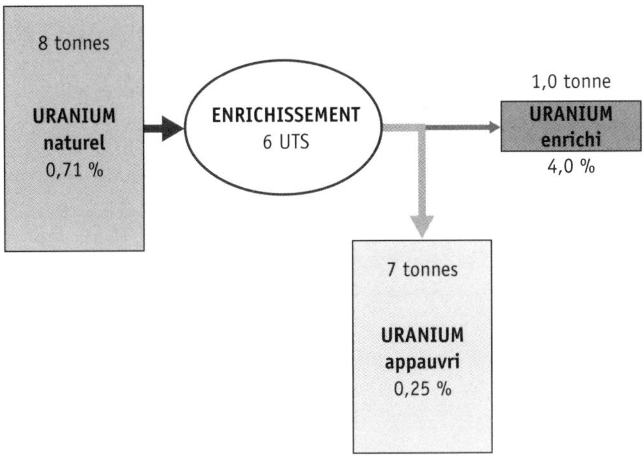

Figure 6.9 | L'enrichissement d'une tonne d'uranium à 4 % nécessite 7,6 tonnes d'uranium naturel.

LES RÉSERVES D'URANIUM

L'uranium est relativement bien réparti sur l'ensemble de la planète (il se trouve partout dans la croûte terrestre). Cependant, quelques régions du monde offrent des gisements à très forte teneur en uranium, ce qui les rend économiquement très attractifs. L'Australie, le Kazakhstan, le Canada et les États-Unis sont les pays où les réserves d'uranium sont les plus importantes (Figure 6.10). Régulièrement, l'OCDE et l'AIEA publient conjointement un livre rouge qui fait référence, fournissant un bilan des ressources, de la production et de la demande dans chaque pays du monde. Si l'on ne tient compte que des ressources appelées RAR (Ressources raisonnablement assurées), il semblerait à première vue que le total des ressources disponibles soit très faible (3,3 millions de tonnes, correspondant à 47 ans de consommation). La matière première uranium serait-elle une denrée rare ? Notre source d'énergie nucléaire serait-elle aussi limitée et peu durable que le pétrole ou le gaz ? En réalité, il convient de tenir compte des ressources additionnelles estimées et même des ressources spéculatives. Le total des ressources réelles se monterait alors à 16,7 Mt pour un prix de 260 $/kg, ce qui correspond à **260 ans** de consommation actuelle.

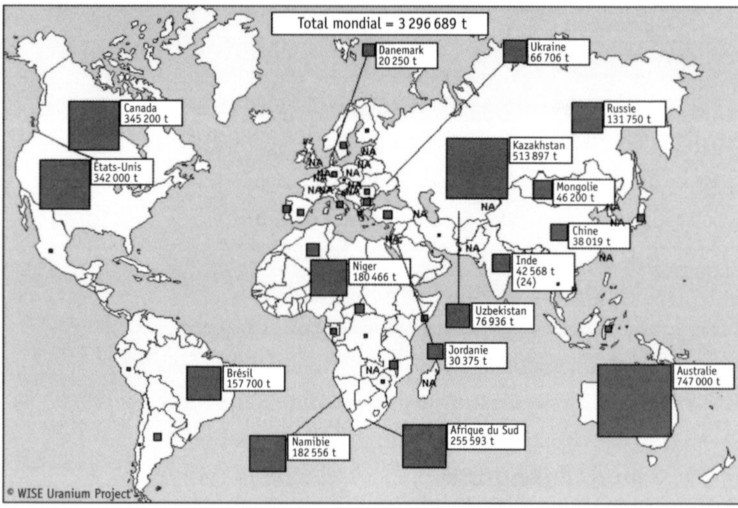

t = tonne métrique NA = données non disponibles

Figure 6.10 | Ressources raisonnablement assurées d'uranium dans le monde d'après le livre rouge de l'OCDE (en 2006, pour un prix de 130 $kg). Le total des ressources se monte à 3,3 millions de tonnes, ce qui correspond à seulement 47 années de consommation mondiale.

De plus, les ressources sont généralement comptabilisées à un coût donné (40 $/kg, 80 $/kg, 130 $/kg ou 260 $/kg). Or, le prix de l'uranium actuel est d'ores et déjà bien élevé (autour de 200 $/kg, voir ci-après), ce qui autorise davantage de prospection et d'extraction. En effet, plus le prix du marché est élevé, plus l'exploitation de minerais à faible teneur pourra être économiquement viable. Il est fort probable qu'à 500 $ le kg, même les mines françaises du Limousin pourraient être rentables. D'autre part, pour l'instant, on ne comptabilise pas les ressources dites non conventionnelles, comme les phosphates ou l'uranium contenu dans l'eau de mer (on évalue la masse totale d'uranium dissoute dans l'eau de mer à 4000 Mt). Concernant l'eau de mer, étant donné la très faible concentration en uranium (0,003 ppm), il faudrait atteindre des prix extrêmement élevés (probablement plus de 2000 $/kg) avant que son extraction puisse être rentable. En tout état de cause, la ressource mondiale en uranium est nettement plus abondante que ne le laisse penser la seule prise en compte des seules ressources assurées (RAR) comptabilisées dans le livre rouge. Elle reste néanmoins un sujet de préoccupation pour le long terme, surtout si le nucléaire se développe fortement à l'échelle mondiale. Nous apporterons dans le chapitre 10 des éléments de réponse concernant la durabilité des ressources en uranium lorsque nous décrirons les réacteurs de 4e génération.

La production mondiale

Les besoins en uranium sont essentiellement ceux nécessaires pour faire fonctionner les quelques 440 réacteurs nucléaires existants dans le monde. En 2006, la consommation annuelle s'est établie autour de 70 000 tonnes. Elle varie assez peu d'une année à l'autre, le nombre de réacteurs nucléaires en fonctionnement étant constant. Dans le même temps, la production mondiale a dépassé à peine les 40 000 tonnes pour cette même année 2006. C'est un déficit chronique que l'on constate maintenant depuis une bonne quinzaine d'années (Figure 6.11). Il se trouve qu'au début de l'avènement du nucléaire, la capacité mondiale de production était bien supérieure à la demande. Cette situation s'est complètement inversée à la chute de l'union soviétique en 1991. Dès lors, les accords signés entre les États-Unis et la Russie de désarmement des engins nucléaires ont déversé sur le marché d'énormes quantités d'uranium hautement enrichi (qu'il a donc fallu appauvrir !), ce qui a fait chuter les prix. À moins de 30 $ le kg, on comprend qu'aucun industriel ne se soit empressé de se lancer dans l'exploitation de nouvelles mines. D'où la pénurie actuelle.

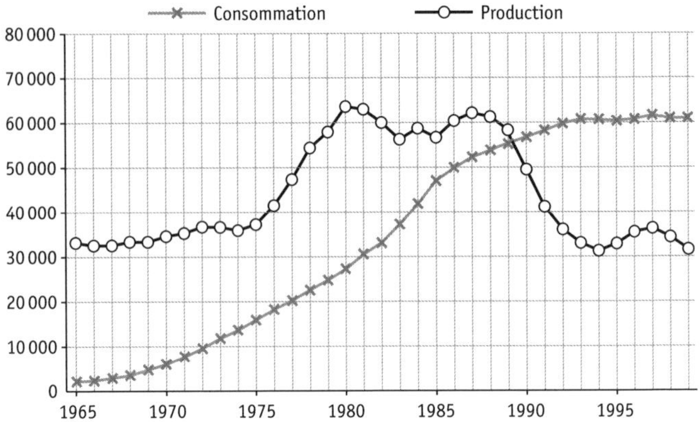

Figure 6.11 | La consommation actuelle d'uranium est supérieure à la production mondiale. Les années qui viennent devraient voir les capacités de production augmenter significativement pour combler ce déficit.

LE PRIX DE L'URANIUM

Les techniques minières d'exploitation étant bien établies, les coûts réels d'extraction n'ont pas fondamentalement évolué. Cependant, depuis quelques années, l'écart latent entre la demande et la production a fait flamber les prix. Le prix spot du marché de l'uranium a été multiplié par 10 entre 2003 et 2007 ! (Figure 6.12). On assiste de surcroît à de la spéculation purement financière (en particulier des fonds de pension) sur l'ensemble des matières premières et l'uranium n'a pas échappé à cet engouement. À plus de 200 $ le kg, l'exploitation redevient rentable, même pour un minerai à plus faible teneur en uranium. Il faut compter typiquement 5 ans entre la décision d'exploitation d'une mine et sa première production. À titre d'exemple, la société canadienne Cameco, premier producteur mondial d'uranium, a décidé en 2005 d'exploiter la mine de Cigar Lake (située au nord du Saskatchewan). C'est l'une des plus importantes dans le monde, évaluée à plus de 500 000 t, et qui possède un minerai exceptionnellement riche en uranium (dépassant les 20 %). Il y était prévu de démarrer la production en 2010. Mais une inondation accidentelle de la mine en octobre 2006 a repoussé sa mise en exploitation jusqu'après 2012 (cet événement a d'ailleurs en partie contribué à la flambée des prix de l'uranium en 2007).

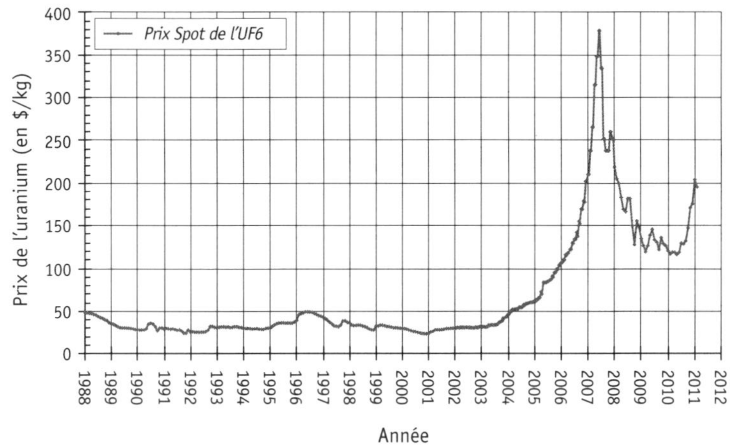

Figure 6.12 | Prix spot du kg d'uranium[1]. Le prix est passé brusquement de moins de 30 $/kg en 2003 à plus de 300 $/kg en 2007. Il s'est stabilisé depuis autour de 200 $/kg.

En résumé, la matière première uranium est abondante, mais son prix sera probablement à l'avenir durablement cher pour deux raisons. D'une part, le déficit entre la production et la demande ne se résorbera pas très rapidement, au minimum le temps nécessaire à l'ouverture de nouvelles mines. D'autre part, si la renaissance du nucléaire dans le monde se concrétise par la construction de nouveaux réacteurs, elle induira une demande en forte croissance dans les décennies qui viennent. Fort heureusement, comme nous le verrons au chapitre 7, le prix de l'uranium est une composante relativement faible du coût de l'électricité nucléaire (à 200 $/kg, il ne représente que 10 % du coût de l'électricité produite). Mais si son prix persiste

1. Ce prix peut être consulté en ligne sur le site http://www.uxc.com/review/uxc_g_uf6-price.html

durablement au niveau élevé actuel ou davantage, il faudra alors en tirer les conséquences économiques et stratégiques qui s'imposent, en particulier concernant le développement des filières nucléaires du futur.

7

L'économie du nucléaire

> « *Pour subvenir à nos besoins croissants en énergie et prévenir les pires conséquences du changement climatique, nous devons accroître notre production d'énergie nucléaire. C'est aussi simple que cela.* »
> Barack Obama, président des États-Unis, dans son discours sur l'énergie du 16 février 2010.

Pour subvenir à ses besoins, l'homme a de tout temps été en quête d'énergie, en privilégiant bien évidemment celles qui lui coûtaient le moins. Mais en ce début de siècle, le dérèglement climatique dû à l'utilisation massive d'énergies fossiles risque de modifier la donne.

L'ÉNERGIE DANS LE MONDE

L'énergie est un besoin vital nécessaire à tout développement. Il ne peut y avoir développement sans consommation énergétique. En effet, outre les besoins purement alimentaires (un être humain dépense 2,5 kWh par jour juste pour son métabolisme), toute activité économique ou industrielle entraînera des dépenses énergétiques supplémentaires. Or, la transformation de toute matière nécessite de l'énergie. Le transport des biens et des personnes également. La régulation thermique (chauffage et/ou climatisation) requiert également beaucoup d'énergie. Ces trois postes (industrie, transport et résidentiel-tertiaire) forment l'essentiel de l'utilisation énergétique dans le monde.

Si l'accès à l'énergie est indispensable au développement, des excès de dépenses énergétiques peuvent être constatés dans certains pays développés. On peut mettre en exergue ces excès en traçant par exemple un indicateur quelconque de développement en fonction de l'énergie dépensée par habitant. L'indicateur choisi peut être soit économique (le PIB par habitant), soit lié à la santé (l'espérance de vie) ou même encore lié à l'éducation (taux de scolarisation primaire, secondaire et enseignement supérieur). Quel que soit l'indicateur choisi, exception faite de quelques spécificités inhérentes à un pays ou à un régime, la tendance constatée est toujours identique. Plus un pays se développe, plus il consomme d'énergie par habitant. Mais à partir d'un certain seuil de développement, la consommation d'énergie supplémentaire n'entraîne plus forcément une amélioration notable de l'indicateur choisi, phénomène qui se traduit par une saturation de la courbe. Cette consommation additionnelle semble alors plutôt relever du confort que de la nécessité et pourrait être qualifiée de superflue (Figure 7.1).

En 2009, la consommation d'énergie mondiale s'est élevée à 12,5 Gtep[1] (Figure 7.2). Cette énergie est principalement fournie (à près de 80 %) par les énergies fossiles : pétrole, gaz et charbon.

1. L'unité d'énergie utilisée est la tonne d'équivalent pétrole (tep). 1 tep = 11,67 MWh = 42 GJ. Chaque français consomme annuellement en moyenne 4 tep.

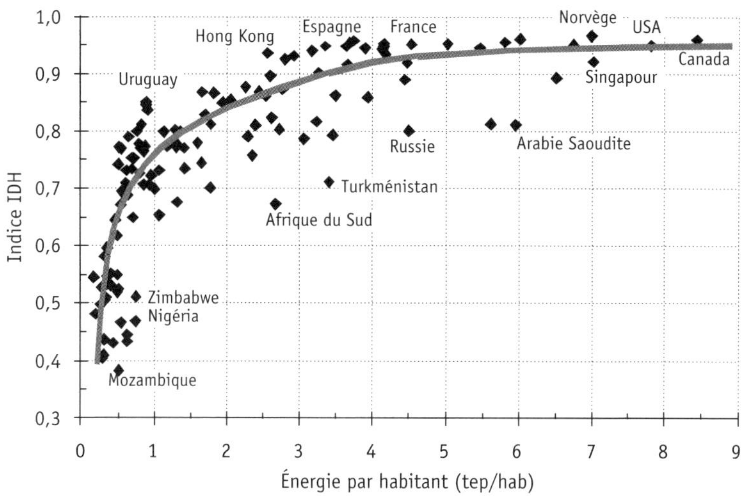

Figure 7.1 | Indice de développement humain (IDH) pour chaque pays en fonction de l'énergie dépensée par habitant. Si, pour les pays sous-développés, le développement va de pair avec la consommation énergétique, l'on notera que dans certains pays développés (notamment aux États-Unis et au Canada), une partie de la consommation énergétique paraît disproportionnée, voire superflue.

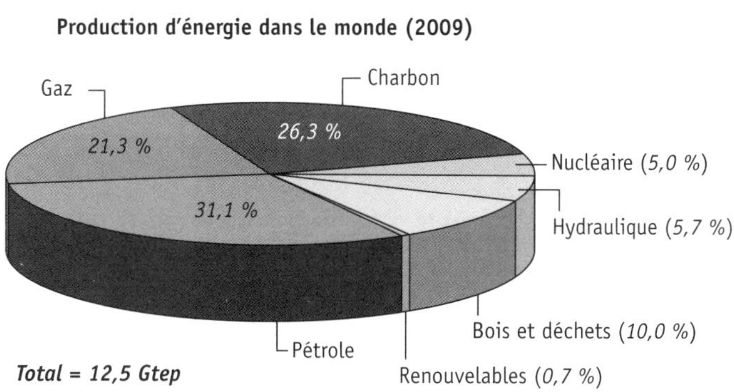

Figure 7.2 | Répartition de l'énergie mondiale selon les différentes sources d'énergie. Près de 80 % de la production est obtenue à partir de ressources fossiles (pétrole, gaz et charbon).

Cet état de fait est inquiétant à double titre. D'une part, la combustion des énergies fossiles rejette du gaz carbonique dans l'atmosphère (Figure 7.3). Le rejet est même très important (plus de 8 Gt d'équivalent carbone par an), en quantité telle que notre biosphère est incapable d'absorber (les océans et la végétation ne peuvent en absorber que la moitié). L'excédent de gaz s'accumule donc dans l'atmosphère. Par voie de conséquence, la concentration en gaz carbonique, qui va tous les ans toujours croissante, atteint des niveaux jamais égalés sur la Terre sur des centaines de milliers d'années (Figure 7.4). Ce gaz a tendance à accentuer l'effet de serre[1] et déséquilibrer le bilan radiatif thermique de la terre. La conséquence directe est un échauffement lent et continu mais perceptible de la température moyenne sur terre. Les conséquences indirectes pourraient se révéler catastrophiques à moyen terme (montée du niveau des océans, fonte des glaces, bouleversement climatique…). Face à cette menace, des accords ont été établis à l'échelle mondiale pour s'efforcer de lutter contre les émissions de gaz à effet de serre (Convention de Rio en 1992, Protocole de Kyoto en 1997). Il faut cependant souligner que le protocole de Kyoto n'a pas été ratifié par le plus important consommateur d'énergie de la planète (les États-Unis) et qu'il n'est absolument pas contraignant pour les pays émergents pourtant gros consommateurs (Chine, Inde, Brésil, Indonésie). Malgré les discours alarmistes et la mobilisation internationale, si l'on observe la réalité de la situation mondiale, force est de constater que l'échec est patent. Loin d'avoir décru, les émissions mondiales de gaz carbonique sont en train d'excéder les scénarios les plus pessimistes établis à l'époque par les agences internationales (Figure 7.5).

1. On désigne par effet de serre la capacité de l'atmosphère à refléter le rayonnement infrarouge alors qu'elle laisse passer le rayonnement solaire visible. La vie a été rendue possible sur terre grâce à cet effet de serre, la température moyenne s'élevant à +15 °C (sans effet de serre, la terre serait à –18 °C, entièrement recouverte de glace).

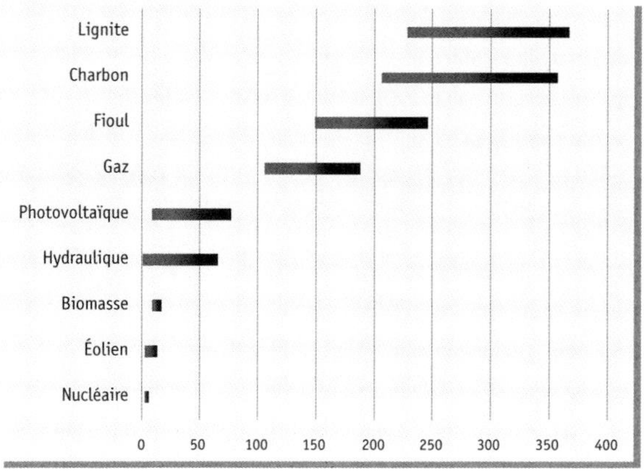

Figure 7.3 | Émission de CO_2 en $g_{éqC}$/kWh par source d'énergie, d'après AIEA 2000. Le charbon est la source d'énergie la plus polluante.

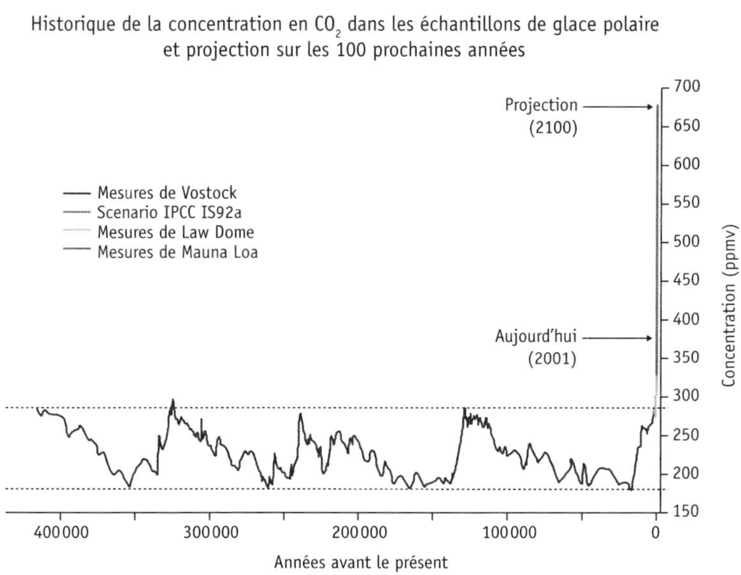

Figure 7.4 | Illustration du changement climatique dû à la consommation excessive d'énergies fossiles par l'homme. La concentration en CO_2 dans l'atmosphère dépasse déjà aujourd'hui tout ce que la terre a pu connaître depuis 420000 ans ! Au vu de la consommation actuelle, on estime que l'on excédera les 650 ppmv avant la fin de ce siècle.

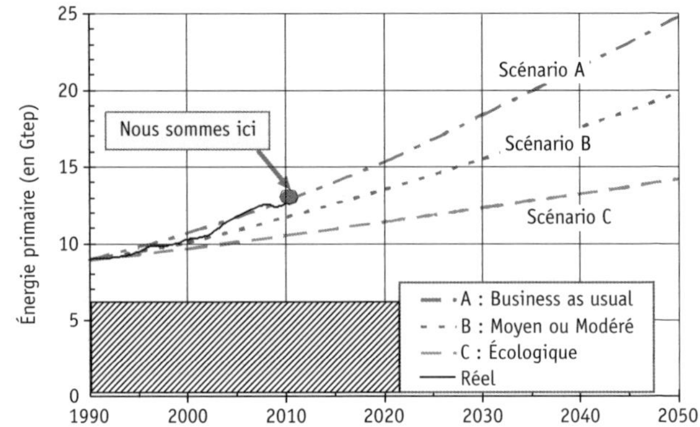

Figure 7.5 | Projections de la consommation énergétique mondiale vue par l'IIASA et le WEC[1] en 1998 selon trois scénarios (A = on ne fait rien ; B = on limite la consommation pour réduire les émissions de gaz carbonique ; C = on met en œuvre tout ce qui est économiquement possible). On s'aperçoit que la consommation actuelle (en 2010) est en train de dépasser le niveau escompté pour le scénario A, jugé pourtant le plus pessimiste. En hachuré, est représenté le niveau annuel maximal que les océans et la végétation peuvent absorber.

L'autre sujet d'inquiétude concerne les ressources. Les énergies fossiles étant éminemment épuisables (il faut des temps géologiques pour former de nouveaux gisements), il est fort probable qu'elles finiront par s'amenuiser vu le rythme effréné et toujours croissant de la consommation mondiale. L'inquiétude est surtout liée aux ressources pétrolières et gazières dont les réserves estimées s'évaluent de l'ordre d'une centaine d'années (Figure 7.6). Cela ne signifie pas pour autant la fin de la consommation effective de pétrole ou de gaz, mais plutôt la raréfaction certaine de ces ressources. Cette pénurie entraînera de facto un renchérissement du prix de l'énergie (déjà palpable par tous) et une limitation économiquement forcée de la consommation de ces sources. L'envolée des prix est perçue comme un frein au développement mondial, surtout pour les pays émergents. Une des

1. *International Institute for Applied Systems Analysis* (IIASA) et *World Energy Council* (WEC).

conséquences prévisible pourrait être la résurgence de tensions géopolitiques fortes (au Moyen-Orient pour le pétrole et dans l'ex-Union Soviétique pour le gaz).

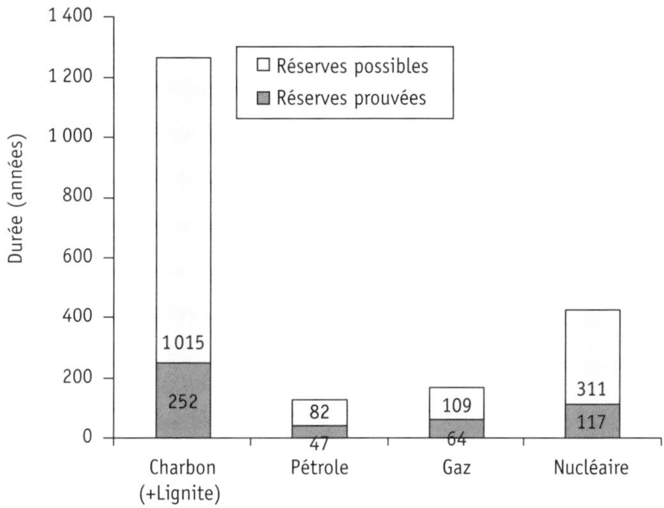

Figure 7.6 | Estimation des réserves d'énergie exprimées en années de consommation actuelle (2010). Les ressources en pétrole et en gaz risquent de se tarir d'ici 2200.

L'ÉNERGIE EN FRANCE

En France, la situation est presque identique à celle de la plupart des pays dans le monde. La Figure 7.8 représente l'énergie en France par source en 2009 et la Figure 7.7 l'énergie par activité en 2009. L'absence de ressources nationales pétrolières et gazières crée une situation de dépendance vis-à-vis des pays producteurs et l'importation de ces matières premières essentielles à notre économie pèse sur notre PIB. Une différence notable doit cependant être soulignée : le recours massif à l'énergie nucléaire pour la production d'électricité.

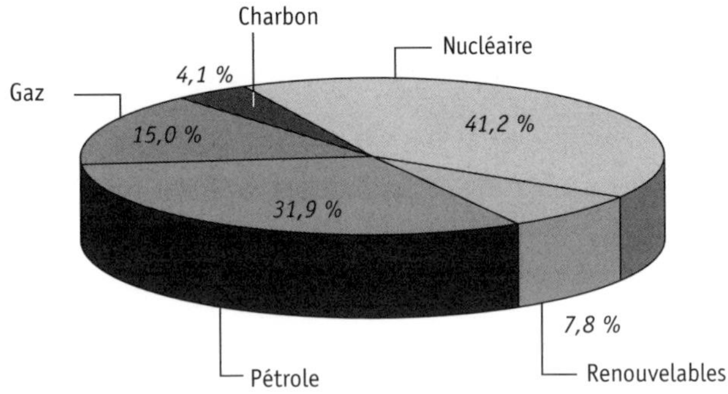

Figure 7.7 | Répartition de l'énergie en France par source. Le recours au nucléaire assure avec l'hydraulique plus de 48 % d'indépendance énergétique.

L'utilisation de l'énergie (169 Mtep sur les 259 Mtep produits, le reste étant dissipé en pertes et usages internes) se répartit en trois grosses parts entre le résidentiel-tertiaire (40,7 %, y compris le chauffage), le transport (terrestre, aérien, ferroviaire et maritime pour 29,5 %) et l'industrie (19,8 %). L'utilisation non-énergétique (7,6 %) comprend entre autres la pétrochimie et la production de cires et de lubrifiants (à base de pétrole). Les besoins énergétiques agricoles sont relativement faibles et ne contribuent qu'à hauteur de 2,4 % de la consommation totale.

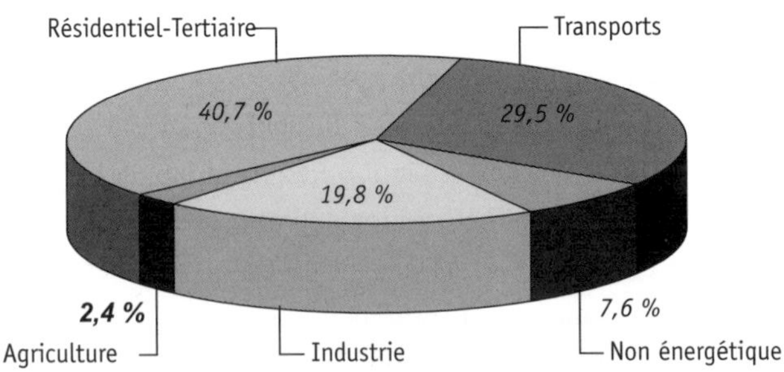

Figure 7.8 | Utilisation de l'énergie en France par secteur d'activité. Le transport et le chauffage sont les deux postes les plus gourmands en combustibles fossiles.

À noter que la consommation énergétique en France est en augmentation régulière tous les ans, malgré l'amélioration de l'efficacité énergétique. Le lent déclin de l'industrie est largement compensé par une demande des particuliers et du tertiaire en forte augmentation.

LA PRODUCTION ÉLECTRIQUE

L'électricité est un moyen commode et souple pour véhiculer de l'énergie. Son principal défaut est qu'on ne peut la stocker sur de longues périodes de temps (les batteries se déchargent sur leur résistance interne). Il faut donc à tout instant adapter la production à la consommation. C'est une contrainte assez forte en termes de gestion et de capacité industrielles. Il n'empêche, la part de l'énergie électrique dans le bilan énergétique français est en augmentation constante depuis le premier choc pétrolier en 1973. Alors qu'en 1973, elle représentait moins de 23 % de la production énergétique totale, elle se monte à plus de 49 % en 2009. De plus, l'électricité est essentiellement générée en France (à près de 90 %) en utilisant l'énergie nucléaire et l'énergie hydraulique, toutes deux non émettrices de gaz à effet de serre (Figure 7.9). C'est, en quelque sorte, une énergie vertueuse. Grâce à cela, la France peut se targuer d'être l'un des rares pays développés (avec la Suède et la Suisse) à émettre moins de 6 tonnes de CO_2 par habitant et par an (là où les États-Unis et le Canada en émettent trois fois plus). Malgré cela, 6 tonnes par habitant, c'est encore trop. De deux à trois fois trop. Ne serait-ce que pour simplement stabiliser la concentration en gaz carbonique dans l'atmosphère (sans même parler de réduction), il faudrait redescendre à un maximum de 2 tonnes par personne (ce qui correspondrait à un total mondial de 4 $Gt_{éqC}$ rejetés, pouvant être absorbés dans les océans et la végétation). Pour atteindre cet objectif, des solutions techniques existent, parmi lesquelles un recours encore accru à l'usage d'électricité (d'origine non fossile, bien entendu) partout où cela est possible.

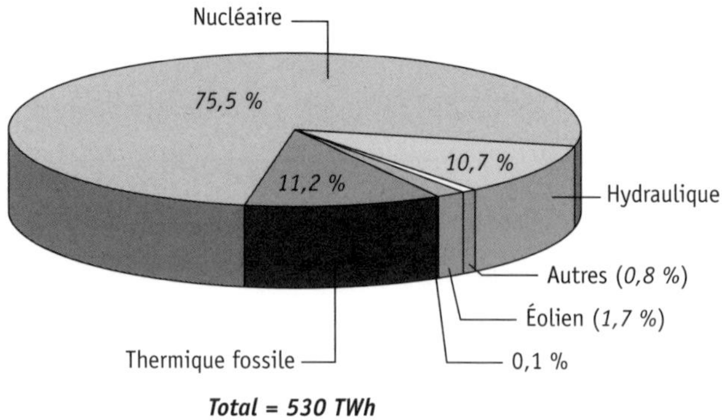

Figure 7.9 | La production d'électricité en France est assurée par le nucléaire (75 %), l'hydraulique (de 9 à 13 % selon les années) et les énergies renouvelables (2 %). Près de 90 % de l'électricité française ne génère aucun gaz à effet de serre.

LA STRUCTURE DES COÛTS

Nous nous intéresserons ici uniquement à la production électrique d'origine nucléaire (qui représente 75 % des 530 TWh bruts produits). Le coût de production de l'électricité nucléaire se décompose entre les coûts d'investissements (58 %), les coûts de fonctionnement (18 %) et les coûts du combustible (15 %). Il convient d'y ajouter les dépenses de recherche et de développement (2 %) et les taxes (7 %). Le coût est toujours évalué en € par MWh produit. Selon une étude détaillée de la DGEMP (Direction générale de l'énergie et des matières premières) réalisée en 2003, le coût de production du MWh nucléaire EDF se montait à 28,4 € (Figure 7.10). Ce coût est à réactualiser aujourd'hui compte tenu de l'augmentation du prix de l'uranium et de l'inflation. Il se situerait aujourd'hui aux alentours de **40 €/MWh**[1]. La particularité du nucléaire est son coût d'investissements relativement élevé. À titre d'exemple, le coût de construction du nouveau réacteur EPR à

1. Dans le cadre de la loi NOME qui oblige EDF à vendre 25 % de son électricité à ses concurrents, le gouvernement a récemment estimé que le prix d'accès régulé à l'électricité nucléaire historique (ARENH) serait fixé à 40 €/MWh au 1er juillet 2011.

Flamanville dépassera les 6 G€, soit 3600 € le kW installé. En contrepartie, le coût lié au combustible nucléaire est faible. Il valait moins de 15 % dans l'étude de 2003, et, compte tenu de l'augmentation importante du prix de l'uranium (se référer au chapitre 6 précédent), il vaut de l'ordre de 20 % aujourd'hui. Il reste néanmoins faible comparativement à celui du cycle combiné à gaz, qui fait référence en matière de production d'électricité (pour lequel la part du combustible gaz est passée de 50 % en 2003 à plus de 70 % aujourd'hui).

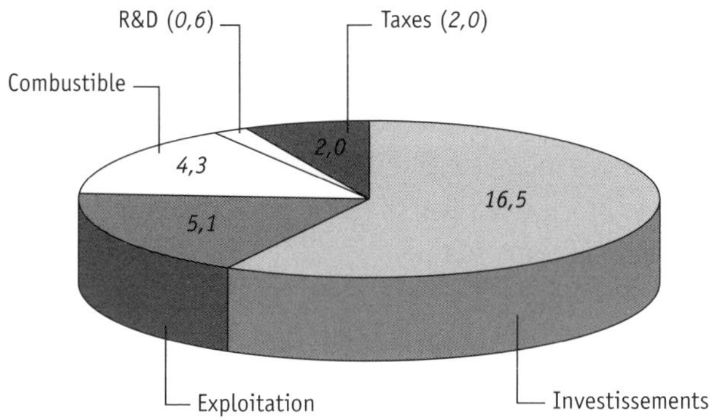

Total = 28,4 €/MWh

Figure 7.10 | Ventilation du coût de production du MWh électrique nucléaire en France, d'après le ministère de l'industrie[1]. Le coût est moyenné sur les 58 réacteurs à eau pressurisée d'EDF et exprimé en Euros de 2003. Le prix est aujourd'hui estimé aux alentours de 40 €/MWh.

LES COÛTS D'INVESTISSEMENTS

Pour se lancer dans la construction d'une centrale nucléaire, il faut disposer d'une importante somme d'argent (6 G€) et de beaucoup de temps, car le retour sur investissements ne se fait qu'après plusieurs

1. Rapport DGEMP (Direction générale de l'énergie et des matières premières) / DIDEME (Direction de la demande et des marchés énergétiques) « Coûts de référence de la production électrique », décembre 2003, http://www.industrie.gouv.fr/energie/publi/etudes.htm

années (il faut compter une bonne quinzaine d'années). C'est pourquoi, seuls les très grands groupes industriels solides (avec un chiffre d'affaires annuel de plusieurs dizaines de milliards d'euros) ou les entreprises adossées à des fonds publics peuvent véritablement s'y investir. Un moyen de contourner cette difficulté pourrait être de monter un consortium et de répartir les coûts (et les risques) entre plusieurs actionnaires industriels.

Les coûts d'investissements comprennent :

- Les coûts de construction : plus de 2000 € par kW installé pour les réacteurs REP actuels, plus de 3600 €/kW pour l'EPR (réacteur de 3e génération pour lequel les ajouts concernant la sécurité comme indiqué au chapitre 4 alourdissent sensiblement les coûts).
- Les frais de maîtrise d'œuvre, évalués pour une dizaine de tranches et réparties par tranche. On les évalue à environ 13 % des coûts de construction.
- Les intérêts intercalaires et les frais de pré-exploitation et de mise en service, qui dépendent à la fois du taux d'intérêt et de la durée de construction. Ces coûts financiers sont importants et peuvent représentent jusqu'à 30 % du coût de construction (pour un taux d'intérêts intercalaires de 8 % et une durée de construction de 6 ans).
- Les frais d'aléas (5 % forfaitaires appliqués à l'ensemble des frais ci-dessus).
- Les provisions pour déconstruction et démantèlement du réacteur. Il est important de souligner que les coûts de démantèlement sont ainsi provisionnés dès le démarrage du projet. Ils sont bien évidemment actualisés (c'est-à-dire ramenés au temps correspondant) en utilisant le même taux d'actualisation que celui des recettes et des dépenses. Généralement estimés à 15 % du coût complet d'investissement, ces coûts sont en réalité assez fluctuants. Ils seront certainement affinés avec l'expérience de démantèlement actuelle des centrales UNGG de première génération, puis avec le démantèlement à venir des premiers REP. Cependant, du fait que le démantèlement n'intervient qu'à la fin

de la vie du réacteur (c'est-à-dire au bout de 40 ans, voire 60 ans dans certains cas), l'actualisation des coûts rend son impact économique sur le coût du kWh extrêmement faible (0,03 €/MWh).

Les coûts d'investissements dépendent très fortement du taux d'actualisation choisi. Ils sont ainsi calculés à 16,5 $€_{2003}$/MWh pour les REP actuels (actualisation à 5 %) et à 65 €/MWh pour l'EPR tête de série (actualisation à 8 %). Un EPR de série (série de 10 unités) verrait son coût d'investissements réduit à 56 €/MWh. Le coût d'investissement représente plus de **60 %** du coût de production du MWh. C'est une somme importante qu'il faut débourser par avance, l'exploitation (donc les recettes) n'arrivant qu'après 5 à 7 ans de construction (Figure 7.11).

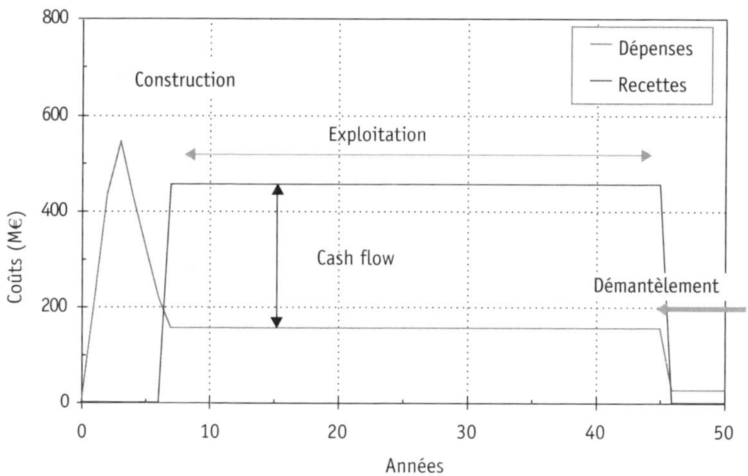

Figure 7.11 | Structure des coûts d'une centrale nucléaire classique ayant 40 ans de durée de fonctionnement ininterrompus. L'important investissement déboursé au départ n'est récupéré qu'au bout d'environ 15 à 20 ans. Les coûts de démantèlement en fin de vie sont prélevés par avance tout au long de l'exploitation.

L'investissement dans le nucléaire est donc par essence un investissement de long, voire de très long terme. Mais une fois l'investissement amorti (ce qui est quasiment déjà le cas aujourd'hui de la majorité des

58 réacteurs d'EDF), le nucléaire peut s'avérer extrêmement rentable. C'est pourquoi l'on entend parfois parler de « rente nucléaire ».

LES COÛTS DE FONCTIONNEMENT

Les charges d'exploitation des réacteurs nucléaires comprennent une part fixe (indépendante de la production réelle) et une part variable (proportionnelle à la production électrique). Y sont incluses les dépenses de personnel (il faut compter environ 600 personnes par centrale, bien davantage lors des semaines de rechargements où l'on fait appel à de la main-d'œuvre extérieure) et les dépenses de maintenance (charges et investissements, y compris la radioprotection et la sécurité). Les deux postes (fonctionnement et maintenance) pèsent quasiment autant. On peut citer l'exemple de Fessenheim (la plus vieille centrale française et aussi la plus coûteuse en dépenses d'exploitation). Elle emploie 660 personnels EDF, 150 prestataires avec, lors des arrêts de tranche, plus de 1 000 occasionnels. Sa production n'est que de 11 TWh/an (ce sont deux réacteurs 900 MWe ayant une disponibilité de 75 %). Son coût de personnel se monte donc à environ 4,7 €/MWh. À l'inverse, les derniers paliers dits N4 (les centrales de Chooz et de Civaux) qui produisent près du double (19 TWh/an), présentent des coûts de fonctionnement sensiblement plus faibles (3,5 €/MWh). Tout compte fait, les dépenses de fonctionnement et de maintenance des centrales se montent en moyenne, sur les 58 réacteurs français, à 3,6 €/MWh pour le personnel et à 3,8 €/MWh pour la maintenance. Le total de **7,4 €/MWh**[1] peut se décomposer en charges fixes de 48,7 €/kW plus 1,15 €/MWh.

1. À noter que les charges d'exploitation sont évalués dans le rapport DGEMP cité précédemment à 5,1 €/MWh. La différence est due d'une part, au fait qu'elles correspondaient dans le rapport à des coûts estimés pour une centrale optimisée et moderne type EPR (1600 MWe, 91 % de disponibilité) et d'autre part, à la réactualisation des coûts (personnel et maintenance). Les 7,4 €/MWh cités ici sont plus proches des coûts réels obtenus sur les centrales actuelles.

LES COÛTS DU COMBUSTIBLE

Les charges liées au combustible constituent le troisième poste de dépenses lors de l'exploitation d'une centrale nucléaire. Les coûts du combustible comprennent à la fois l'amont (étapes menant à la fabrication du combustible) et l'aval du cycle (le traitement-recyclage et les déchets).

L'amont du cycle

Il y a tout d'abord l'approvisionnement en uranium (voir chapitre précédent). D'un coût totalement négligeable il y a encore quelques années (à 30 €/kg, le combustible uranium ne représentait en 2003 que 1,8 % du coût du kWh), il pourrait atteindre aujourd'hui plus de 3 €/MWh[1] (soit 7,5 %). Quoique toujours faible, il n'est plus alors considéré comme tout à fait négligeable. Viennent ensuite la conversion en hexafluorure d'uranium (à 10 €/kg), puis l'enrichissement. L'enrichissement est actuellement un gros poste économique (près de 2 €/MWh, à 120 €/UTS), mais qui aura probablement tendance à diminuer dans un futur proche avec l'avènement de l'ultracentrifugation, en particulier en France (voir chapitre 6). Le coût de fabrication du combustible proprement dit (usine FBFC à Romans dans l'Isère) est relativement raisonnable (< 1 €/MWh). En définitive, l'ensemble des opérations de l'amont du cycle revient, au prix de l'uranium actuel, à environ **6 €/MWh**.

L'aval du cycle

L'aval du cycle comprend le transport des combustibles usés vers l'usine de La Hague, le traitement chimique puis le conditionnement et le stockage des déchets. Là encore, il faut insister sur le fait que tous les stockages de l'ensemble des déchets, y compris ceux à très long

1. En réalité, l'approvisionnement en uranium des exploitants de centrales est négocié sur des contrats long terme (qui s'étalent entre 7 et 15 ans). La hausse des prix de la matière première ne se ressent réellement en pratique que si les prix de l'uranium persistent à un niveau élevé durant plusieurs années.

terme, sont pris en compte dans le coût du kWh nucléaire. Une ponction financière est réalisée pour chaque catégorie de déchet nucléaire. Dans le cas où l'exutoire n'est pas encore définitivement établi (exemple des déchets à haute activité), la provision financière correspondante alimentera un fonds dédié spécifique, différent de celui consacré à la déconstruction et au démantèlement (voir ci-dessus). EDF a ainsi, au 31 décembre 2004, provisionné pour 3,8 G€ d'actifs affectés à la gestion future des déchets nucléaires[1]. Ce fonds continue de s'alimenter tous les ans. Comme dans le cas du démantèlement, l'actualisation réduit considérablement l'impact financier des coûts de l'aval du cycle, et cela d'autant plus que le taux d'actualisation est élevé. La ventilation de chaque contribution est indiquée dans la Figure 7.12 en prenant un taux d'actualisation de 5 %. L'ensemble de l'aval du cycle est alors évalué à **1 €/MWh**, soit uniquement 3 % du coût du kWh.

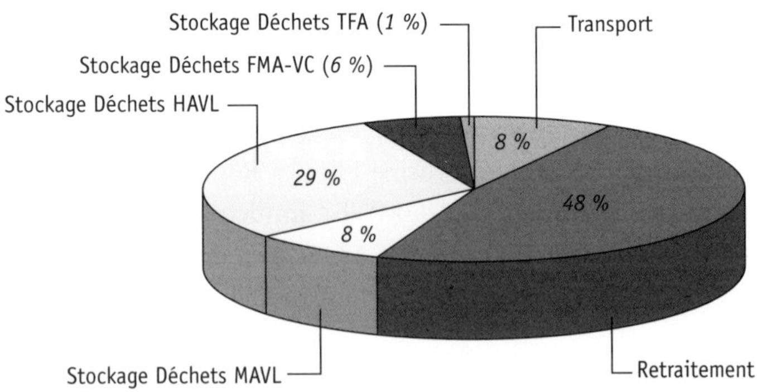

Figure 7.12 | Répartition du coût de l'aval du cycle. Le coût inclut le traitement-recyclage et le stockage. Une contribution financière est prélevée et affectée à un fonds dédié afin de garantir la gestion future de l'ensemble des déchets nucléaires.

1. EDF a également provisionné à la même date près de 9,6 G€ pour les opérations de traitement-recyclage. Quant aux charges futures des déchets issus de la déconstruction, elles font partie des provisions faites pour déconstruction et démantèlement, prises en compte dans les coûts d'investissements.

LA RENTABILITÉ DU NUCLÉAIRE

Fort d'une expérience acquise par EDF de plusieurs décennies (1400 années.réacteurs), on peut dire que les coûts de revient du MWh nucléaire sont bien maîtrisés. Ils se sont révélés très stables sur une très longue durée (plus de 20 ans). Ils intègrent tous les coûts spécifiques au nucléaire, à savoir d'une part les exigences de sûreté et de sécurité et de l'autre les provisions pour le démantèlement, le traitement-recyclage et le stockage des déchets nucléaires. Le coût total (40 €/MWh) varie relativement peu avec le prix de la matière première (un quintuplement du prix de l'uranium entre 2003 et 2007 n'aura finalement eu qu'une incidence limitée de + 6 % sur le coût total). De plus, comme c'est une énergie qui ne contribue pas à aggraver l'effet de serre, elle possède intrinsèquement un avantage écologique qui pourrait se traduire par un avantage économique chiffré lorsque la tonne de carbone sera réellement taxée. Et au vu de l'impact grandissant du gaz carbonique rejeté par les énergies fossiles sur la biosphère, il est fort probable que cette mesure soit adoptée, malgré

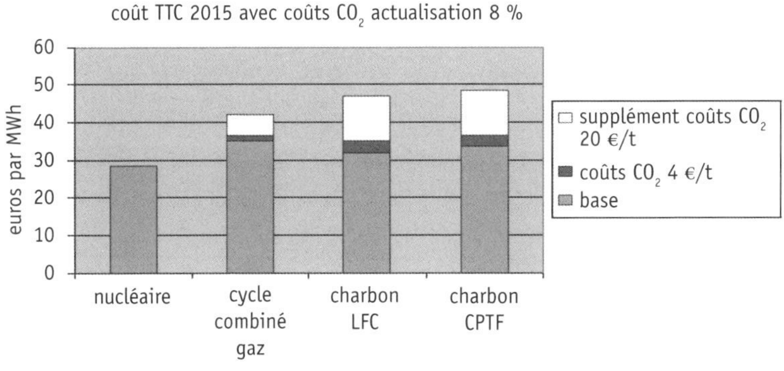

Figure 7.13 | Comparaison des coûts de production électrique en base entre les différentes sources d'énergie[1]. Même sans taxe carbone, l'électricité nucléaire est compétitive.

1. Synthèse du rapport DGEMP/DIDEME 2003, « Coûts de référence de la production électrique », décembre 2003, http://www.industrie.gouv.fr/energie/publi/etudes.htm

les réticences de certains pays. Les économistes s'accordent pour avancer le chiffre de 20 € la tonne de carbone (compromis acceptable dans un souci de régulation des rejets sans trop pénaliser la croissance économique). En tout état de cause, même en l'absence de taxe carbone, le nucléaire est une énergie économiquement rentable (Figure 7.13). Elle l'est d'autant plus aujourd'hui que les énergies fossiles, principalement le pétrole et le gaz, sont depuis quelques années de plus en plus chères (le pétrole a franchi la barre symbolique des 100 $ le baril de brut, alors qu'il cotait encore 30 $ en 2003). Or, le prix du combustible contribue fortement au coût d'une électricité générée à partir de gaz ou de pétrole. C'est usuellement le cycle combiné à gaz qui fait référence dans la production mondiale d'électricité. Le gaz a vu également son prix, qui est de fait partiellement indexé sur celui du pétrole, augmenter ces dernières années (il a plus que doublé, passant de 2 $MBtu[1] en 2002 à plus de 4 $MBtu aujourd'hui sur le marché Nymex US). Le coût estimé de l'électricité à partir d'un cycle combiné à turbine à gaz dépasse aujourd'hui les 50 €/MWh hors taxe carbone (dont plus de 33 €/MWh pour le seul combustible).

En résumé, malgré son coût d'investissement élevé, l'électricité d'origine nucléaire est économiquement compétitive. Elle assure à la France une part importante (près de 50 %) d'indépendance énergétique. Elle a généré une activité industrielle prospère et mondialement reconnue. De plus, le nucléaire possède deux avantages décisifs sur les énergies fossiles. En premier lieu, ses coûts sont très stables dans le temps et ne sont pas sujets aux fluctuations des prix des matières premières. Deuxièmement, c'est une énergie propre, qui ne rejette aucun gaz à effet de serre.

1. Le gaz se négocie sur le marché américain en unités anglaises MBtu (*Million British thermal unit*) et sur le marché anglais (NBP) en p/therm (pence par thermie). 1 MWh = 3,412 MBtu = 34,12 therm.

8

Le nucléaire industriel

« *Greenpeace a tort – nous devons prendre en considération l'énergie nucléaire.* »
Patrick Moore, co-fondateur de Greenpeace et ancien Directeur de Greenpeace International, dans *The Age* en 2007.

L'industrie nucléaire est aujourd'hui une réalité. Mais il lui reste encore des efforts à accomplir pour qu'elle puisse être accessible pour tous à un coût acceptable avec un niveau de sûreté à toute épreuve. Les applications non électrogènes du nucléaire notoirement inexploitées pourraient encore davantage accroître les performances des centrales actuelles.

LES RÉACTEURS NUCLÉAIRES DANS LE MONDE

Les centrales nucléaires

Si l'on excepte les quelque 280 réacteurs de recherche, il y a actuellement dans le monde 439 réacteurs nucléaires en fonctionnement. Ils sont répartis dans 30 pays, principalement les pays dits nucléarisés

(Figure 8.1). Ces réacteurs produisent de l'électricité (372 GWe installés, 2700 TWh produits au total, soit 14 % de l'électricité mondiale).

Carte des réacteurs nucléaires dans le monde en 2007

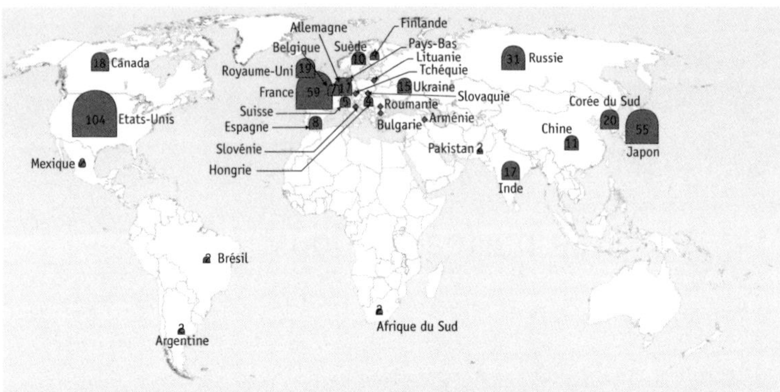

Total = 439 unités

Figure 8-1 | Les centrales nucléaires dans le monde en 2007. Une douzaine de pays concentrent l'essentiel des 439 réacteurs. Les plus importants sont les États-Unis (104), suivis de la France (59) et du Japon (55). La Chine et l'Inde montent en puissance.

À cause du renchérissement du prix des énergies fossiles et de l'impact du changement climatique, le nucléaire connaît un regain d'intérêt certain. On dénombre ainsi 60 nouveaux réacteurs en construction (dont 26 en Chine, 9 en Russie, 7 en Inde et 4 en Europe dont un en France, l'EPR à Flamanville), 158 en projet et plus de 300 autres proposés.

Le développement en masse des réacteurs nucléaires à l'échelle mondiale se heurte à deux difficultés majeures. La première est économique, liée à un investissement de départ très lourd et à un retour sur investissements relativement long (voir chapitre 7). La seconde difficulté est politique avec la crainte d'un détournement de la matière fissile à des fins militaires (nous en rediscuterons plus longuement au chapitre suivant). Malgré ces freins puissants, il semblerait bien, au vu de la demande énergétique croissante, que l'on ne pourra se passer au cours de ce siècle d'un déploiement important du nucléaire à l'échelle du globe. En conséquence, il faudra proposer des solutions, acceptables par l'ensemble des pays, afin de lever les deux points délicats mentionnés.

Les filières nucléaires

La filière des réacteurs à eau (pressurisée ou bouillante) représente l'écrasante majorité (plus de 80 %) de l'ensemble des réacteurs en fonctionnement dans le monde (Figure 8.2 et Tableau 8.1). La filière fonctionnant à l'eau lourde développée industriellement par les Canadiens (CANDU) permet l'utilisation directe de l'uranium naturel comme combustible et évite l'étape d'enrichissement. Pour cette même raison, la France avait décidé de développer dans les années 1950 la filière graphite-gaz (GG). En 1967, ayant acquis la maîtrise de l'enrichissement d'uranium dans l'usine de Pierrelatte, le maintien de la filière à l'uranium naturel ne se justifiait plus. À la suite d'une analyse économique, la décision fut prise par l'État français de construire des réacteurs à eau pressurisée (REP) sous licence américaine Westinghouse. Les neuf réacteurs UNGG (Uranium naturel graphite gaz) français sont actuellement tous déclassés et vont être démantelés. Seule la Grande-Bretagne poursuit l'exploitation industrielle de cette filière (MAGNOX). Suite à l'accident de Tchernobyl (revoir le chapitre 4 sur la sûreté), la filière russe RBMK est vouée à une disparition progressive. Quant aux réacteurs à neutrons rapides (RNR), leur filière n'a pas encore réellement percé tant pour des raisons techniques qu'économiques et de non-prolifération. En 1998, la décision d'arrêt de Superphénix en France leur a porté un sérieux coup de frein. Par la suite, seul le Japon a maintenu le développement des réacteurs rapides. Mais l'Inde et la Chine, toutes deux soucieuses d'acquérir leur indépendance énergétique, l'y ont très rapidement rejoint.

La renaissance actuelle du nucléaire et le prix exorbitant atteint par l'uranium ouvrent de nouvelles perspectives pour cette filière. De fait, ce sont les seuls réacteurs qui, à terme, pourront permettre d'assurer une énergie nucléaire durable sur des millénaires.

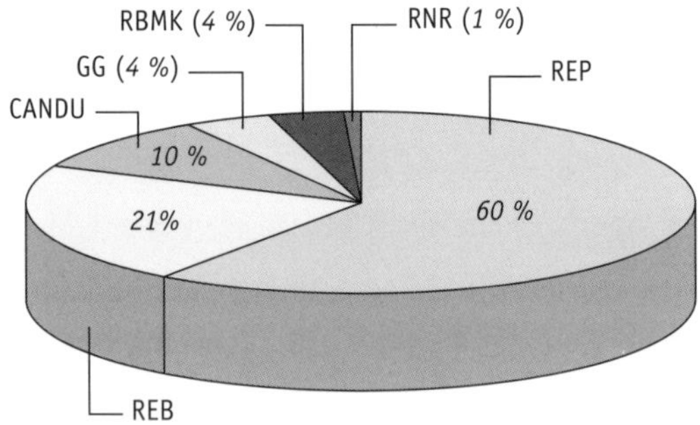

Figure 8.2 | Répartition des réacteurs nucléaires en fonctionnement dans le monde selon la filière. Les réacteurs à eau (pressurisés et bouillants) représentent plus de 80 % du total.

Tableau 8.1. ***Types de réacteurs en fonctionnement dans le monde. Source : Nuclear Engineering International Handbook 2007. À noter que la puissance installée indiquée est une puissance brute[1].***

Type de réacteur		Principaux pays concernés	Nombre d'unités	GWe	Combustible	Caloporteur	Modérateur
Réacteur à eau pressurisée	REP	USA, France, Japon, Russie	264	251	UO_2 enrichi	eau	eau
Réacteur à eau bouillante	REB	USA, Japon, Suède	94	86	UO_2 enrichi	eau	eau
Réacteur à eau lourde	CANDU	Canada	43	24	UO_2 naturel	eau lourde	eau lourde
Réacteur à graphite gaz	GG	Royaume Uni	18	11	U naturel, UO_2 enrichi	gaz carbonique	graphite
Réacteur graphite-eau	RBMK	Russie	16	12	UO_2 enrichi	eau	graphite
Réacteurs rapides	RNR	Japon, France, Russie, Inde	4	1	PuO_2 et UO_2 enrichi	sodium	-
		Total	**439**	**385**			

1. Une centrale nucléaire consomme de l'électricité pour ses besoins propres de fonctionnement. On désigne alors par puissance nette la différence entre la puissance brute délivrée au réseau électrique et le prélèvement effectué sur ce même réseau par la centrale (en moyenne, la puissance nette représente environ 97 % de la puissance brute).

L'INDUSTRIE ÉLECTRONUCLÉAIRE

Un déploiement industriel de l'électronucléaire doit s'appuyer sur un certain nombre d'acteurs ayant recours à des compétences techniques complémentaires. Pour lancer dans un projet de réacteur nucléaire, il faut s'assurer pouvoir disposer d'un constructeur, d'un fournisseur de combustible, d'un exploitant et d'une autorité de sûreté nucléaire indépendante. Il n'est pas indispensable que toutes ces entités fassent partie d'un seul et même pays. En particulier, le fabricant, qui n'intervient que dans la phase de construction initiale, est clairement un industriel à vocation plutôt internationale. La fourniture de combustible entraînant des processus de mise en œuvre de contrôle de matières nucléaires et de non-prolifération est déjà plus délicate à assurer. À cet égard, les pays désireux de se lancer dans la production d'électricité nucléaire sont forcément tentés de se doter de leur propre industrie nationale, quitte à payer un prix plus élevé, ne serait-ce que pour se prémunir de moyens de pression. Pour éviter le développement anarchique d'usines de fabrication de combustible, des offres industrielles mondiales devraient pouvoir être mises sur pied. Si des garanties internationales peuvent assurer aux pays non nucléarisés la fourniture de combustibles sur de très longues durées, l'impératif d'une mise en œuvre locale sera moins vital. Quant à l'exploitant, il fera forcément appel, du moins en grande partie, à de la main-d'œuvre locale. En revanche, il est indispensable que chaque pays se dote d'une Autorité de sûreté nucléaire pour un contrôle sérieux et efficace. Idéalement, les mêmes codes et normes en matière de sécurité nucléaire devraient être internationalement partagés. Là encore, comme dans le domaine du combustible, de gros efforts d'harmonisation restent à établir au niveau international. Il est également essentiel, dans le domaine nucléaire peut-être davantage qu'ailleurs, que l'ensemble de l'industrie électronucléaire puisse s'appuyer sur un centre de recherche et d'études en soutien. Une solide expertise technique est indispensable pour pouvoir résoudre toutes les difficultés techniques rencontrées lors de l'exploitation. De plus, les connaissances acquises permettront d'améliorer les performances opérationnelles et donc d'accroître encore la compétitivité de l'ensemble de la filière.

HISTORIQUE DU NUCLÉAIRE EN FRANCE

La France s'est lancée dans le nucléaire dès la fin de la Deuxième Guerre mondiale par une ordonnance du Général De Gaulle datant du 18 octobre 1945 instituant le Commissariat à l'énergie atomique (CEA). L'objectif était à la fois militaire et civil. La France se devait de maîtriser l'arme atomique. Elle avait également pour ambition de se doter d'une industrie nucléaire civile. En effet, dès 1939, Frédéric Joliot-Curie avait émis l'idée que l'énergie nucléaire pouvait être récupérée pour en faire usage, comme en témoignent les quatre brevets pris à l'époque (Figure 8.3).

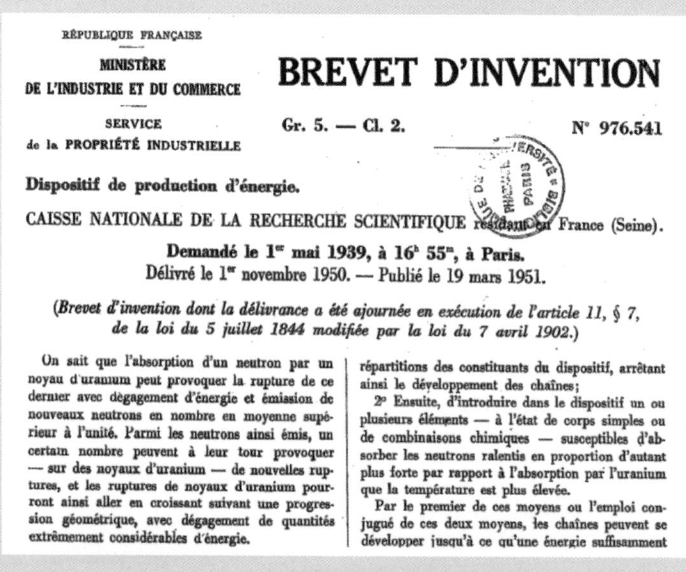
RÉPUBLIQUE FRANÇAISE

MINISTÈRE DE L'INDUSTRIE ET DU COMMERCE

SERVICE de la PROPRIÉTÉ INDUSTRIELLE

BREVET D'INVENTION

Gr. 5. — Cl. 2.

N° 976.541

Dispositif de production d'énergie.

CAISSE NATIONALE DE LA RECHERCHE SCIENTIFIQUE résidant en France (Seine).

Demandé le 1er mai 1939, à 16h 55m, à Paris.

Délivré le 1er novembre 1950. — Publié le 19 mars 1951.

(*Brevet d'invention dont la délivrance a été ajournée en exécution de l'article 11, § 7, de la loi du 5 juillet 1844 modifiée par la loi du 7 avril 1902.*)

On sait que l'absorption d'un neutron par un noyau d'uranium peut provoquer la rupture de ce dernier avec dégagement d'énergie et émission de nouveaux neutrons en nombre en moyenne supérieur à l'unité. Parmi les neutrons ainsi émis, un certain nombre peuvent à leur tour provoquer — sur des noyaux d'uranium — de nouvelles ruptures, et les ruptures de noyaux d'uranium pourront ainsi aller en croissant suivant une progression géométrique, avec dégagement de quantités extrêmement considérables d'énergie.

répartitions des constituants du dispositif, arrêtant ainsi le développement des chaînes;

2° Ensuite, d'introduire dans le dispositif un ou plusieurs éléments — à l'état de corps simples ou de combinaisons chimiques — susceptibles d'absorber les neutrons ralentis en proportion d'autant plus forte par rapport à l'absorption par l'uranium que la température est plus élevée.

Par le premier de ces moyens ou l'emploi conjugué de ces deux moyens, les chaînes peuvent se développer jusqu'à ce qu'une énergie suffisamment

Figure 8.3 | Premier brevet de F. Joliot-Curie rédigé en mai 1939 sur l'utilisation de l'énergie nucléaire. La réaction en chaîne y est explicite, bien avant la divergence de la première pile atomique de Fermi en 1942.

Très rapidement après la guerre, en 1948, la première pile atomique française ZOE (zéro énergie, oxyde d'uranium, eau lourde) diverge au fort de Châtillon à Fontenay-aux-Roses où s'est installé le premier centre de recherche du CEA. En 1956, est mis en service le premier prototype français pour la production d'électricité de la filière graphite-gaz, le réacteur G1 construit à Marcoule (Gard). Deux autres réacteurs similaires G2 et G3, développant une puissance électrique de 38 MWe, suivent sur le même site en 1959 et 1960. En 1969, la société FRAMATOME acquiert la licence Westinghouse. Après le premier choc pétrolier de 1973, la France décide d'accélérer son programme de construction de centrales nucléaires. La première centrale REP de 900 MWe est construite à Fessenheim (Haut-Rhin). Elle est connectée au réseau électrique en 1977. C'est un succès : la production électrique par la fission nucléaire semble étonnamment aisée à mettre en œuvre. Entre 1971 et 1987, c'est-à-dire en moins de 16 ans, EDF et FRAMATOME aidés du CEA ont construit et démarré 44 réacteurs nucléaires (les 34 réacteurs de 900 MWe plus 10 réacteurs plus puissants de 1300 MWe). FRAMATOME développera par la suite ses propres centrales nucléaires (d'abord la version N4 offrant une puissance de 1450 MWe, puis le réacteur de troisième génération EPR en collaboration avec l'allemand SIEMENS).

En parallèle, un investissement massif a été réalisé dans le cycle du combustible avec la création de la société COGEMA. Pour l'amont du cycle, l'usine d'enrichissement EURODIF est construite à Pierrelatte (Drôme). Pour la fabrication du combustible, l'usine Franco-belge de fabrication de combustible (FBFC) s'est installée à Romans (Isère). Et pour le retraitement du combustible, un atelier de haute activité oxyde entre en activité en 1976 à l'usine UP-2 de La Hague (Manche). Dix ans plus tard, l'extension d'UP-2 et la construction de l'usine UP3 sur le même site de La Hague va porter la capacité totale de retraitement du combustible usé à 1700 tonnes/an. La Hague devient ainsi la plus grande usine de traitement-recyclage de combustible usé dans le monde.

En septembre 2001, l'État décide le regroupement de l'ensemble des industriels nucléaires français (FRAMATOME, COGEMA, et CEA-Industrie) sous la bannière d'AREVA.

Aujourd'hui, AREVA possède une dimension internationale et s'impose comme un acteur majeur du nucléaire. En 2006, la société AREVA employait 61 000 salariés et avait complètement diversifié son implantation dans le monde (50 % en France, 20 % en Allemagne avec l'acquisition de la branche nucléaire de Siemens, 12 % aux États-Unis). Son chiffre d'affaires annuel se montait à plus de 10 G€.

Les constructeurs de réacteurs

Il y a relativement peu, à peine une petite dizaine d'industriels dans le monde, capables de construire des réacteurs nucléaires. Les trois plus importants sont General Electric (États-Unis, maintenant associé à Hitachi, Japon), Westinghouse (États-Unis, racheté en 2006 par Toshiba, Japon) et AREVA (France). GE construit surtout des réacteurs bouillants, alors que Westinghouse et AREVA sont sur le créneau des réacteurs à eau pressurisée. Les autres constructeurs sont plus atypiques. AECL (Canada) a choisi de développer la filière des réacteurs à eau lourde (CANDU). General Atomics (États-Unis) est spécialisé dans les réacteurs de recherche (TRIGA) et promeut le réacteur à haute température (GT-MHR), tout comme le PBMR d'Eskom (Afrique du Sud). Les Russes ont créé une société Atomstroyeksport pour exporter leur réacteur à eau (VVER), déjà construit en Chine, en Inde, en Finlande et dans plusieurs pays d'Europe de l'est. Les Coréens du sud ont également développé leur propre industrie nucléaire au point de pouvoir proposer à l'export leur propre version du réacteur à eau pressurisé (APR1400).

Les exploitants

Contrairement aux constructeurs, les exploitants de centrales nucléaires sont légion. On en dénombre plus d'une centaine de par le monde[1]. Les plus importants en termes de puissance installée sont EDF

1. Référence « Elecnuc 2007 », Les centrales nucléaires dans le monde, CEA. Disponible sur le site www.cea.fr

(France, 58 réacteurs), Rosenergoatom (Russie, 31), KHNP (Corée du Sud, 20) et TEPCO (Japon, 17). Ce sont des opérateurs centraux, souvent étatiques. Bien qu'il y ait 104 réacteurs en fonctionnement aux États-Unis, pays détenant le plus de réacteurs nucléaires au monde, l'exploitation y est morcelée en une multitude de petites sociétés indépendantes (26 compagnies au total). Des fusions sont probablement prévisibles à moyen terme. Les plus importants exploitants américains sont Exelon (15 réacteurs), Entergy (8), Duke (7) et TVA (Tennessee Valley Authority, 5). On trouve aux États-Unis plusieurs exploitants qui ne gèrent qu'un seul ou deux réacteurs. À l'inverse, EDF est l'unique exploitant nucléaire sur le territoire français. Cette situation risque de se modifier avec l'ouverture des marchés de l'électricité (GDF-Suez, qui exploite sept réacteurs en Belgique par l'intermédiaire de sa filiale Electrabel a déjà indiqué son intention de se doter d'un outil de production nucléaire en France). Grâce à l'homogénéité de son parc, EDF possède un avantage indéniable lié à l'exploitation commune de plusieurs réacteurs et le partage des connaissances acquises, de la maintenance, des composants, et de la sûreté. Ce qui se traduit d'ailleurs par une réduction significative des coûts d'exploitation, inférieurs à ceux des autres exploitants dans le monde. En 2006, l'effectif d'EDF se montait à 156 500 salariés (dont 106 500 en France) pour un chiffre d'affaires de 59 G€ (dont 32 G€ en France).

La recherche dans le nucléaire

Comme tout industriel, les exploitants et les constructeurs possèdent leur propre centre de recherche et de développement pour accompagner leur croissance industrielle. Mais le financement pérenne des études et recherches sur les réacteurs et le cycle du combustible ne peut être assuré que par des organismes ayant une partie de leur budget provenant de subventions publiques. C'est le cas des grands laboratoires nationaux américains (INL à Idaho, ANL à Argonne, LANL à Los Alamos, ORNL à Oakridge) et du CEA en France. Après des efforts humains et financiers continus pendant des décennies, l'industrie nucléaire commence à en cueillir les fruits. Elle est même florissante et affiche une rentabilité jamais atteinte à ce jour. Pour autant, des enjeux primordiaux demeurent, notamment pour garantir la durabilité de la ressource énergétique sur le long terme et lutter efficacement contre le changement climatique. Pour cela, il est essentiel de poursuivre l'effort de recherche et développement dans le domaine du nucléaire. La tendance actuelle de l'économie mondiale fait la part belle aux profits (et aux actionnaires) et considère souvent l'investissement long terme (celui n'engendrant pas de retour financier immédiat) comme une pure perte économique. Le nucléaire n'échappe pas à cette mode.

En France, la recherche dans l'électronucléaire (hors fonds dédié au démantèlement des installations) ne représente plus à l'heure actuelle que moins de 1 % du chiffre d'affaires du secteur. C'est extrêmement faible en comparaison d'autres secteurs économiques comme la pharmacie (certains laboratoires pharmaceutiques consacrent près de 15 % de leur chiffre d'affaires à la recherche), l'aéronautique (6 %), l'électronique (4 %), l'automobile (3,2 %) ou même la chimie (1,6 %)[1]. Or, pour rester à la pointe de la technologie et préparer l'avenir, il faut conserver un minimum d'investissements dans la recherche. Il faut se rappeler que les grands programmes industriels lancés par le général de Gaulle dans les années 1960 (aéronautique, spatial, nucléaire, ferroviaire) n'ont fourni leur dividende que bien longtemps après les lourds investissements que l'État français y a consacré. Dans tous ces domaines, la France tient aujourd'hui très honorablement son rang au niveau mondial. La recherche nucléaire a besoin d'une impulsion nouvelle avec une mission clairement identifiée : offrir au citoyen français la perspective d'une ressource énergétique qui ne rejette aucun gaz à effet de serre.

1. Voir en particulier les rapports du ministère de l'industrie, disponibles en ligne sur le site http://www.industrie.gouv.fr/sessi/themes/9_innovationR&D.htm

L'industrie du combustible nucléaire

Il convient de distinguer les usines de l'amont de celles de l'aval du cycle du combustible.

À l'amont, on peut citer :

- Les usines de conversion : Rosatom (Angarsk, Russie), Honeywell (Metropolis, Illinois, États-Unis), Comurhex/AREVA (Pierrelatte, France) et Cameco (Port Hope, Ontario, Canada).
- Les usines d'enrichissement : USEC (Paducah, Kentucky, États-Unis), EURODIF (Tricastin, France), Rosatom (4 usines en Russie), Urenco (Capenhurst au Royaume-Uni, Gronau en Allemagne et Amelo au Pays-Bas) et JNFL (Rokkasho-Mura, Japon).
- Les usines de fabrication du combustible : JSV TVEL (Russie), AREVA (Romans en France, Dessel en Belgique, Lynchburg et Richland aux États-Unis et Lingen en Allemagne), BNFL/Westinghouse (Columbia aux États-Unis, Västeras en Suède et Springfields au Royaume-Uni), JNFL (Yokosuka city, Japon) et Kazatomprom (Kazakhstan). Zircatec et GE-Hitachi fabriquent les combustibles des CANDU en Ontario (Canada).

On trouve également quelques usines de fabrication de taille plus réduite en Argentine, au Brésil, en Chine, en Inde et en Espagne.

En ce qui concerne l'aval du cycle, les entreprises industrielles sont encore moins nombreuses, certains pays ayant décidé de ne pas retraiter leur combustible. Les plus importantes usines de retraitement sont en France (AREVA, La Hague) et au Royaume-Uni (BNFL, aujourd'hui Sellafield Ltd). Les Russes ont un complexe à Mayak (à 150 km de Tcheliabinsk), tristement célèbre depuis l'accident qui a eu lieu en 1957 sur le site de stockage de déchets nucléaires. Il y a également une petite usine aux États-Unis (West Valley, New York) et en Allemagne (Gorleben).

On notera que l'industrie du combustible nucléaire est concentrée dans quelques pays déjà nucléarisés pour des raisons militaires : France, Royaume-Uni, Russie, États-Unis et Japon. C'est pourquoi les Américains ont lancé en 2006 une initiative récente baptisée GNEP (*Global Nuclear Energy Partnership*). Elle a pour objectif affiché le contrôle de la non-prolifération de matières nucléaires à l'échelle mondiale. Dans l'esprit de l'administration américaine, si l'énergie nucléaire est appelée à se développer, il est urgent de limiter le nombre d'installations mondiales traitant du cycle du combustible, afin de mieux pouvoir les contrôler. GNEP milite pour un nombre restreint de pays producteurs qui pourraient couvrir une échelle régionale (États-Unis, France, Russie, Japon, Chine). En contrepartie, les pays producteurs offriraient aux autres pays qui seraient légitimement désireux de se lancer dans l'aventure nucléaire un accès garanti au combustible nucléaire à un prix économiquement abordable. Reste à savoir si cette initiative ne serait pas vécue, à l'instar du traité de non-prolifération, comme un instrument politique pour empêcher les pays non nucléarisés d'avoir accès au nucléaire. Auquel cas, elle aurait fort peu de chance d'être acceptée.

LA CHALEUR INDUSTRIELLE

Les réacteurs nucléaires produisent de la chaleur, qui est récupérée par le caloporteur (de l'eau liquide dans le cas des REP). Cette chaleur est ensuite transformée en électricité par l'intermédiaire d'un générateur de vapeur qui fait tourner une turbine qui entraîne un alternateur. La température de l'eau chauffée étant à 300 °C, la conversion thermique-électrique n'est que de 33 % (dans un cycle thermodynamique de Carnot, le rendement est lié à la différence de température entre la source chaude et la source froide). Les deux tiers de la chaleur se retrouvent donc rejetés dans l'eau de refroidissement (dans la rivière ou dans la vapeur des tours aéroréfrigérantes). Afin d'éviter cette perte, il peut être envisagé soit une utilisation directe de la chaleur produite, soit une utilisation d'une partie de cette chaleur couplée à la production d'électricité. On parle alors de *cogénération*. Ainsi, le rendement global d'utilisation s'en trouvera nettement amélioré (l'objectif est d'obtenir un rendement global dépassant les 50 %). Dans les applications industrielles de la chaleur, on distingue principalement trois domaines de température : les faibles températures (40 à 250 °C), les températures moyennes (200 à 550 °C) et les hautes températures (500 à 1 000 °C). Il n'est pas pour l'instant techniquement envisageable de construire des réacteurs nucléaires pouvant fonctionner à des températures dépassant les 1000 °C.

Les faibles températures (40 à 250 °C)

À ces températures, les réacteurs à eau pressurisée actuels conviennent parfaitement pour faire de la cogénération. L'eau du circuit secondaire entre dans la turbine basse pression à une température de 250 °C et en ressort à environ 40 °C. Les applications envisagées peuvent être d'une part le chauffage urbain et de l'autre le dessalement de l'eau de mer. L'utilisation efficace de la chaleur pour le chauffage urbain requiert que la centrale ne soit trop éloignée de grosses agglomérations. En effet, la chaleur se transporte assez mal sur de grandes distances à cause des déperditions thermiques dans les canalisations. Cependant, de récents progrès technologiques sur les calorifuges font que cette application commence à être sérieusement envisagée, même sur une distance de l'ordre d'une centaine de kilomètres[1]. La cogénération par chauffage est en contradiction avec le fait que, pour des raisons de sécurité, les centrales nucléaires sont généralement construites loin des concentrations urbaines. Dans le futur, le chauffage direct pourra également fournir de la chaleur à des usines industrielles (serres maraîchères et horticoles, stations d'épuration, scieries...) qui peuvent être implantées loin des agglomérations.

1. Le projet finlandais d'un nouveau réacteur nucléaire à Loviisa étudie la possibilité de fournir également de la chaleur à la ville d'Helsinki distante de 77 km. Les pertes thermiques sont estimées dans ce projet à 1,1 % de la chaleur transportée.

Les températures moyennes (200 à 550 °C)

Plusieurs applications industrielles spécifiques peuvent avoir recours à une grande quantité de chaleur à des températures supérieures à 200 °C. On peut citer la liquéfaction du charbon, l'extraction de pétrole des schistes bitumineux ou des sables asphaltiques ou l'utilisation de la biomasse pour la production de carburants de synthèse. Par exemple, le kérogène contenu dans les schistes bitumineux peut être transformé en pétrole par pyrolyse (à 450 °C). Les réserves mondiales de schistes bitumineux sont estimées à 1660 milliards de barils (dont 1200 aux États-Unis, dans la couche géologique Green River au Wyoming, dans l'Utah et au Colorado). Les schistes bitumineux sont déjà industriellement exploités dans des pays comme l'Estonie, la Russie, le Brésil ou la Chine. Un sable asphaltique (ou bitumineux) est un sable enrobé d'eau sur laquelle s'est déposée une couche très visqueuse de bitume. C'est au Canada, au nord de l'Alberta, qu'on trouve les principaux gisements de sables asphaltiques, près de la rivière de l'Athabasca. Pour exploiter ces sables, il faut de la chaleur à la fois pour l'extraction et pour la transformation du bitume en pétrole conventionnel. L'extraction in situ consiste à chauffer les sables en injectant de la vapeur d'eau (à 100 °C) dans des puits horizontaux creusés dans le sol. La couche de bitume déposée sur le sable se ramollit et peut alors être directement pompée. L'étape suivante consiste à convertir le bitume en pétrole par une technique identique à celle employée pour améliorer les fiouls lourds. À l'aide de grosses fournaises, le bitume est chauffé à 500 °C, ce qui entraîne le craquage des fractions lourdes, produisant ainsi des chaînes carbonées plus légères telles que l'essence, les gaz combustibles et le coke de pétrole. Quant à la biomasse (paille, canne à sucre, feuilles, écorces, déchets de bois), sa transformation en gaz de synthèse ou en carburant liquide nécessite une pyrolyse lente qui peut se faire entre 400 °C et 600 °C.

Pour toutes ces industries, les réacteurs actuels ne conviennent plus. Il faut disposer de réacteurs nucléaires dits à haute température

(HTR), généralement refroidis au gaz (hélium). Ce gaz peut être facilement porté à des températures de 800 °C et utilisé conjointement pour la production de chaleur et d'électricité. D'ailleurs, à ces températures, le rendement de production électrique s'améliore significativement (on peut atteindre 48 %). Bien que ce concept paraisse énergétiquement attrayant, aucun industriel ne s'est encore doté de son propre réacteur nucléaire pour la fourniture de chaleur ou pour la cogénération.

Les hautes températures (500 °C à 1000 °C)

L'utilisation de la chaleur à haute température concerne principalement la production du gaz hydrogène. L'hydrogène peut être industriellement obtenu en utilisant plusieurs techniques. Aujourd'hui, seules deux d'entre elles sont effectivement employées (500 milliards de m^3 produits annuellement) : le vaporéformage de méthane (96 %) et l'électrolyse alcaline (4 %). Mais d'autres méthodes prometteuses sont également envisagées et étudiées pour une production massive d'hydrogène. Citons la gazéification du charbon à haute température, le craquage thermique des hydrocarbures, la gazéification de la biomasse, les cycles thermochimiques et l'électrolyse directe de l'eau à haute température. Tous ces procédés requièrent de la chaleur, à basse température (pour produire la vapeur d'eau), ou à haute, voire à très haute température. À titre d'exemple, la gazéification de la biomasse sèche se fait soit à 1 000-1300 °C (combustion autothermique), soit à 850-1000 °C en présence d'un mélange oxygène-vapeur d'eau. Le gaz obtenu après oxydation peut contenir jusqu'à 50 % d'hydrogène, qui doit être ultérieurement séparé puis purifié (par méthanisation ou adsorption sélective sur tamis moléculaires). Pour ces applications spécifiques, un réacteur nucléaire à très haute température (VHTR pour *Very High Temperature Reactor*) est requis, pouvant fournir de l'hélium à 900 °C. C'est un nouveau réacteur qui n'a jamais encore été construit. Il est basé sur un concept dérivé du HTR, mais qui demande encore un travail important de recherche en termes de conception et de démonstration. En particulier, il y est envisagé l'utilisation de matériaux innovants pouvant résister à des températures allant bien au-delà de 1 000 °C. Le VHTR fait partie des réacteurs étudiés dans le cadre du forum Génération IV (nous en reparlerons au chapitre 10).

LA PROPULSION

La propulsion navale

Dès la maîtrise des premiers réacteurs, très rapidement a été envisagée l'utilisation de chaudières nucléaires pour la propulsion navale. Le principal avantage du nucléaire est de fournir au bâtiment une autonomie quasi-totale. Les sous-marins à propulsion thermique classique étaient contraints de remonter régulièrement en surface (au bout de trois jours, au mieux toutes les deux semaines) pour alimenter leur moteur diesel en air et recharger leurs batteries. Tandis que le sous-marin à propulsion nucléaire peut rester plus plusieurs mois en plongée (la limitation provient alors davantage du temps que l'équipage est capable d'endurer). Le choix de la filière s'est immédiatement porté sur les réacteurs à eau pressurisée (REP) d'une grande compacité. En réalité, les REP civils sont dérivés de réacteurs qui avaient été à l'origine développés par les Américains pour leurs sous-marins. La France possède aujourd'hui six sous-marins nucléaires d'attaque (SNA), quatre sous-marins nucléaires lanceurs d'engins (SNLE) et un porte-avions nucléaire (le Charles-de-Gaulle, Figure 8.4). Outre la propulsion, la chaufferie nucléaire assure également la fonction de fourniture d'énergie (électricité, eau potable) et, pour le porte-avions, le catapultage. Un nouveau SNA, le Barracuda, avec un cœur nucléaire ayant une durée de vie encore plus longue, est destiné à progressivement remplacer les SNA actuels.

Figure 8.4 | Le porte-avions de la marine française Charles de Gaulle est à propulsion nucléaire (deux chaufferies développant 83 000 ch. et fournissant 16 MWe).

La propulsion spatiale

Il y a deux utilisations possibles du nucléaire pour la propulsion d'engins spatiaux. La première est l'utilisation directe d'un réacteur nucléaire comme moteur-fusée. La chaleur produite sert à chauffer un propergol léger (hydrogène) qui sera expulsé par la tuyère pour produire de la poussée. Les Américains l'ont expérimenté en vraie grandeur en développant dès 1960 le premier moteur-fusée nucléaire appelé NERVA (*Nuclear Engine for Rocket Vehicle Application*). En février 1966, un premier réacteur de la série NRX, a fonctionné pendant 110 minutes, dont deux minutes à plus de 1100 MW (soit la puissance d'un réacteur nucléaire de puissance). Ce programme a été arrêté en 1972.

La seconde application est l'utilisation d'un Générateur thermoélectrique à base de radio-isotopes (RTG). C'est l'unique source d'énergie pour les applications spatiales de longues durées très éloignées du soleil. En effet, les panneaux solaires classiques ne suffisent plus à fournir la puissance nécessaire au bon fonctionnement d'un satellite et de sa charge utile. C'est pourquoi toutes les sondes lointaines comme Pioneer, Viking, Voyager, Galileo, Ulysse ou Cassini (Figure 8.5) ont été équipées d'un générateur nucléaire RTG. Ces générateurs sont basés sur l'utilisation de l'énergie libérée par la radioactivité alpha de l'isotope du plutonium 238. La puissance spécifique associée à cet isotope est de 0,55 W/g. Cette énergie thermique est ensuite convertie en énergie électrique à l'aide d'un composant thermoélectrique.

Figure 8.5 | La sonde Cassini, lancée en octobre 1997 vers Saturne a été équipée d'un générateur nucléaire délivrant 290 W. C'est l'unique source d'énergie électrique à bord.

LES AUTRES APPLICATIONS

Les réacteurs nucléaires peuvent également être avantageusement utilisés pour d'autres applications. Nous en détaillerons deux, qui nous semblent importants : le dessalement de l'eau de mer et la production d'isotopes radioactifs, principalement pour le diagnostic médical.

Le dessalement d'eau de mer

Le dessalement de l'eau de mer est une activité industrielle en forte croissance, car les besoins mondiaux en eau sont en augmentation continue avec la démographie et les ressources en eau douce de la planète insuffisantes (Figure 8.6). C'est un enjeu important, surtout pour les régions arides ou désertiques (15 % de la population mondiale n'a toujours pas accès à l'eau potable). Il existe principalement deux méthodes pour dessaler l'eau : la distillation thermique et l'osmose inverse. La distillation est un procédé ancien et très connu. On chauffe l'eau qui se vaporise sous dépression (grâce à un pompage). La vapeur d'eau produite est récupérée par condensation sur une paroi froide. On peut recommencer l'opération plusieurs fois jusqu'à atteindre le taux de salinité souhaité (en général inférieur à 0,15 g/l au lieu des 35 g/l de l'eau de mer). Ce système multi-étages (ou multi-flash) requiert un coût énergétique de 10 kWh/m^3 (il peut descendre en dessous de 5 kWh/m^3 si l'on y adjoint un système à compression de vapeur). Quant à l'osmose inverse, elle repose sur une technique membranaire. En appliquant une pression très forte (50 bars) à l'eau salée, les molécules d'eau vont pouvoir traverser une membrane comportant des pores nanométriques alors que les sels dissous restent piégés dans la membrane. C'est une méthode qui a actuellement tendance à prendre le pas sur la distillation. En 20 ans, le coût des membranes a été divisé par 5, le rendement amélioré de 30 % et la pression d'utilisation réduite de 20 bars. L'osmose inverse devient peu à peu la référence en dessalement avec un coût énergétique moyen de 2,5 kWh/m^3. Il y avait en 2003 plus de 13 000 unités de dessalement installées dans le monde avec une capacité totale de 35 millions de m^3 d'eau douce par jour. Le coût de production ressort de l'ordre de 1 $\$/m^3$. L'osmose inverse utilise principalement l'électricité tandis que la distillation multiflash a besoin à la fois de chaleur et d'électricité.

Figure 8.6 | L'une des plus grosses usines de dessalement d'eau de mer dans le monde située à Fujairah, aux Émirats Arabes Unis. Cette usine produit 170 000 m^3 d'eau douce par jour et met en œuvre à la fois la distillation multiflash et l'osmose inverse.

La production de radioisotopes

Les radioisotopes sont généralement utilisés en médecine comme traceurs soit à des fins de diagnostic (imagerie, Figure 8.7), soit à des fins thérapeutiques (cancer). Les principaux radioisotopes utilisés en médecine nucléaire sont le technétium (^{99m}Tc)[1], l'iode (^{131}I pour les reins, ^{123}I et ^{125}I pour la thyroïde) et le thallium (^{201}Tl pour le cœur). Le technétium est le plus utilisé (il représente à lui seul 80 % des radioisotopes médicaux) car il a une durée de vie courte mais suffisante (6 heures). Il est fabriqué à partir d'un isotope radioactif du molybdène, le ^{99}Mo, qui est produit lors de l'irradiation dans un réacteur nucléaire. Au cours de l'irradiation en réacteur, un isotope radioactif du molybdène, le ^{99}Mo, est formé puis extrait du réacteur. Comme il décroît spontanément vers le technétium ^{99m}Tc en 2,747 jours, cela laisse juste le temps nécessaire pour le transporter vers les hôpitaux avant son utilisation. L'industrie a également recours à des sources radioactives puissantes (généralement au cobalt ^{60}Co)

1. L'indice m désigne un état nucléaire métastable, c'est-à-dire dans un minimum d'énergie local. Le noyau ne se trouve pas dans son état quantique fondamental de plus basse énergie et décroît par radioactivité. Certains états métastables sont à longue durée de vie.

pour la stérilisation d'objets ou d'aliments. Dans la métallurgie, certains radioisotopes sont utilisés pour sonder les défauts dans les matériaux. Dans l'environnement, les radioisotopes peuvent également servir de traceurs pour l'étude des transferts de polluants dans l'air ou dans l'eau ou pour suivre les mouvements des courants marins dans les océans. Les radioisotopes artificiels sont généralement fabriqués par irradiation d'échantillons soit dans des canaux spécifiques de réacteurs nucléaires de recherche, soit par réactions nucléaires en utilisant des accélérateurs de particules.

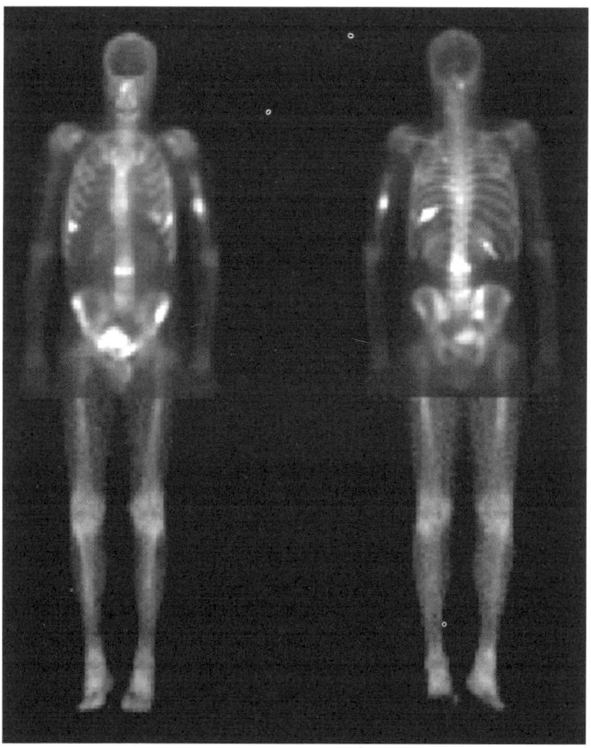

Figure 8.7 | Scintigraphie utilisant le technétium Tc ^{99m} comme traceur radioactif. Les images obtenues peuvent révéler la localisation de métastases osseuses dans un corps humain.

UN MONDE SANS CO_2 ?

Nous avons vu au chapitre précédent que les principales utilisations en France de l'énergie d'origine fossile (132 des 259 Mtep produits) sont d'une part le chauffage (37 Mtep soit 28 %) et de l'autre le transport (50 Mtep soit 38 %). Si l'on souhaite réduire significativement la pollution de l'atmosphère par le gaz carbonique, il faut donc s'attaquer prioritairement à ces deux besoins énergétiques.

Le chauffage électrique et la pompe à chaleur

Le chauffage électrique est le moyen le plus simple et le plus immédiat pour réduire l'émission de CO_2 dans les habitations. Rappelons ici que l'électricité en France est à 90 % d'origine nucléaire ou hydraulique et produit donc peu de gaz à effet de serre (moins de 40 g/kWhe en moyenne et uniquement les jours de pointe). Le rendement énergétique de ce mode de chauffage n'est cependant pas très favorable (rappelons que le rendement des turbines des centrales nucléaires n'est que de 33 %). Il est dommage de dépenser de l'énergie noble (l'électricité) pour produire uniquement de la chaleur. De plus, pendant longtemps, les énergies fossiles (chaudières à gaz et au fioul) ont été financièrement plus intéressantes pour les particuliers que le chauffage électrique (pourtant meilleur marché à l'investissement). Ce n'est plus le cas actuellement. Par ailleurs, une taxe carbone additionnelle ne ferait que renforcer la compétitivité du chauffage électrique. Mais il y a encore mieux que le chauffage électrique. En plus de l'amélioration de l'isolation thermique (qui réduit la consommation globale en énergie d'une habitation), on peut mettre en œuvre la géothermie et la pompe à chaleur ou le chauffage solaire. D'autres utilisations astucieuses de l'énergie électrique peuvent également fournir, toujours à partir de l'énergie électrique, de l'énergie thermique avec un coefficient de performance (COP) de 3 à 4. Ainsi, grâce à cela, 1 kWh électrique pourra être avantageusement transformé en 3 ou 4 kWh thermique. De plus, la solution utilisant une pompe à chaleur réversible ou un échangeur peut fournir sur une même installation à la fois le confort de la chaleur en hiver et celui de la climatisation en été. En développant toutes ces techniques, les besoins thermiques (chauffage et climatisation) de toutes les habitations et de tous les bureaux pourront être pleinement satisfaits tout en consommant 3 à 4 fois moins d'énergie avec, pour finir, quasiment pas d'émission de gaz carbonique.

La voiture électrique

La réduction massive de la consommation de pétrole représente l'autre grand défi insufflé par la prise de conscience du changement climatique. En France, la consommation de pétrole pour l'année 2005[1] a représenté environ 92 Mtep[2], la quasi-totalité (99 %) étant importée. Ce pétrole brut sert à fabriquer par raffinage environ 86 Mtep de produits pétroliers (après pertes et consommation interne d'énergie) dont les transports représentent la majeure partie (57 %) de l'utilisation par l'intermédiaire des carburants. La consommation énergétique des transports, évaluée à 53,8 Mtep en 2005, est donnée dans le Tableau 8.2.

Tableau 8.2. ***Répartition de la consommation énergétique dans les transports en France.***

Secteur	Mtep	
Routier	42,8	79,4 %
Aérien	6,4	11,8 %
Maritime	3,4	6,3 %
Ferroviaire-Urbain	1,3	2,4 %
Total	**53,8**	**100,0 %**

Bien que le secteur aérien soit en pleine expansion et qu'il sera probablement appelé à croître dans le futur, il ne représente encore

1. Source DGEMP, http://www.industrie.gouv.fr/energie/statisti/pdf/reperes.pdf
2. 1 Mtep = 41,855 GJ, généralement arrondi à 42 GJ.

à l'heure actuelle que 12 % de la consommation. C'est bien évidemment le secteur routier, largement prédominant avec près de 80 % de la consommation, sur lequel il faudra porter l'effort. Les voitures particulières consomment annuellement 24,3 Mtep (dont 52 % de gazole et 48 % d'essence), alors que les véhicules utilitaires consomment 18,2 Mtep (dont 93 % de gazole). Prenons une voiture d'une tonne utilisant un moteur diesel et consommant 9 litres aux 100 km. Compte tenu du pouvoir calorifique du gazole, l'énergie consommée sera de 3,27 MJ/km. Or l'énergie nécessaire pour déplacer un véhicule d'une tonne à une vitesse de 100 km/h est de 0,47 MJ/km (forces de frottement et aérodynamiques). Le rendement énergétique global est donc **inférieur à 15 %**. Un moteur électrique peut avoir un rendement très élevé comparativement au moteur thermique, qui peut être **supérieur à 80 %**. Cependant, le véhicule va être alourdi par les batteries nécessaires au stockage de cette énergie électrique. Depuis quelques années, nous assistons à une véritable révolution technologique de ces batteries amenée par le développement accéléré des batteries au lithium utilisés dans la micro-informatique. Or, ces batteries, véritable point faible des véhicules électriques anciens, sont au cœur de la viabilité future des voitures à propulsion purement électrique. En effet, en passant des batteries classiques au plomb, puis au NiMH, et ensuite au lithium (Li-Ion et dérivés), la densité énergétique a gagné quasiment un ordre de grandeur passant de 25 Wh/kg à près de 200 Wh/kg. Ainsi, là où il fallait quasiment doubler le poids d'un véhicule électrique (avec en plus une autonomie très réduite) dégradant du même coup ses performances, le poids additionnel des batteries d'un véhicule électrique moderne ne sera plus que de l'ordre de 15 % à 20 % de son poids total en utilisant les dernières technologies de batteries au lithium. Ce véritable basculement technologique ouvre la voie à un décollage industriel de ces véhicules. De plus, en combinant les batteries au lithium à des supercondensateurs et en utilisant des régulateurs électroniques de pointe pour la gestion de l'énergie, il sera possible de récupérer les 0,38 MJ d'énergie cinétique fournie au démarrage et perdue lors du freinage. De même, dans les descentes, le frein moteur permettra de récupérer une partie de l'énergie sous forme électrique. Le rendement énergétique global espéré d'un véhicule électrique peut dans ces conditions dépasser 70 %. L'énergie réelle consommée pourra alors être évaluée à 200 Wh/km soit 0,72 MJ/km. C'est 4,5 fois moins qu'un moteur thermique !

Si l'ensemble du parc automobile français était transformé en véhicules électriques, la consommation d'énergie serait réduite de 42,5 Mtep (et notre facture pétrolière réduite de près de 60 %) alors que corrélativement, la demande électrique ne s'accroîtrait que de 120 TWh (soit une augmentation de la production électrique de 20 % ou encore l'équivalent de la production de 10 centrales nucléaires additionnelles de type EPR).

Les carburants de synthèse

Il est techniquement possible de fabriquer industriellement les carburants liquides actuellement utilisés dans les transports sans consommer du pétrole comme ressource de base. Ces carburants dits de synthèse sont généralement basés sur des procédés utilisés pendant la seconde guerre mondiale par les Allemands (Fischer-Tropsch). L'idée est d'abord de fabriquer un gaz dit de synthèse (Syngaz) contenant un mélange de gaz (fait principalement d'hydrogène et de monoxyde de carbone). C'est la gazéification. Toute matière première contenant des chaînes carbonées peut être utilisée pour produire ce « Syngaz ». La plupart des projets existants ou en construction utilisent soit du gaz naturel, soit du charbon, soit de la biomasse (plantes, déchets agricoles, etc.). Le procédé mis au point en 1920 par Hans Fischer et Franz Tropsch transforme ce gaz de synthèse en une cire, généralement lourde, qui peut par hydrocraquage fournir les carburants liquides souhaités pour les transports (gazole, essence ou kérosène). Ces procédés de fabrication de carburants liquides sont désignés selon la matière première utilisée comme GTL (*Gaz To Liquid*), CTL (*Coal To Liquid*) ou BTL (*Biomass To Liquid*).

Les biocarburants

On distingue deux sortes de biocarburants, ou carburants produits à partir de matière végétale. D'une part les alcools, biocarburants éthyliques (principalement l'éthanol et son dérivé l'ETBE, éthyl-tertio-butyl-éther, mais aussi le méthanol ou le butanol) faits à partir de cannes à sucre, betteraves, maïs ou céréales. D'autre part les huiles végétales (colza, tournesol, soja, palme) pouvant être converties en biodiesel par trans-estérification. L'avantage des biocarburants est leur possibilité de mélange avec les carburants liquides classiques à des proportions qui peuvent être importantes sans dégradation des performances des moteurs. Ainsi le biodiesel peut être directement mélangé au gazole (de 5 à 30 %) pour des voitures roulant au diesel. En revanche, le Superéthanol E85, vendu en France à partir de 2007 et composé à 85 % d'éthanol mélangé à 15 % de Super95, impose que le moteur à essence soit modifié (matériaux plus résistants à la corrosion) pour incorporer un système dit flexfuel, similaire aux développements faits au Brésil (filière canne à sucre) ou aux États-Unis (filière maïs). Il faut aussi noter que le rendement énergétique de la filière éthanol est d'environ 67 % (il faut donc l'équivalent de 1,5 MWh produit par exemple par biomasse pour distiller 1 MWh d'éthanol utilisables dans le carburant E85).

L'inconvénient majeur des biocarburants est la nécessité de consacrer des surfaces agricoles très importantes dédiées à leur production. À titre d'exemple, si l'on réservait 10 % de la surface agricole céréalière française soit 1 million d'ha à la production de biocarburants (ce qui correspond à la quasi-totalité des terres céréalières en jachère disponibles), on ne produirait que 2,5 Mt d'éthanol, ce qui représente, compte tenu du rendement réel et du faible pouvoir calorifique de l'éthanol (27 GJ/t), à peine 1,1 Mtep de biocarburants par an (donc moins de 2,6 % des besoins français en carburants).

Quant aux coûts de production, ils sont relativement importants. Même en déduisant les aides données aux agriculteurs, ils sont évalués à environ 60 €/100 l[1], ce qui correspond à un coût total dépassant les 100 €/MWh. Le seuil de rentabilité de cette filière est donc très élevé et même son utilité environnementale peut être discutable.

L'hydrogène

La technologie hydrogène se distingue par rapport aux technologies de production de carburants liquides décrites ci-dessus par le fait que ce gaz pourra être directement utilisé dans des piles à combustibles. Un avantage avéré est que le produit de combustion final obtenu par recombinaison avec l'oxygène de l'air ne sera que de l'eau. Mais outre le développement des piles elles-mêmes, l'hydrogène pose de nombreux problèmes technologiques comme son transport et son stockage. Il peut être produit par vaporeformage de méthane à 1,2 €/kg, ce qui en fait n'est pas très intéressant du point de vue environnemental. Il peut aussi être produit par électrolyse alcaline à basse température (2,2 €/kg). Des études sont actuellement en cours[2] pour pouvoir le produire par électrolyse haute température ou par voie thermochimique (cycle dit iode/soufre) couplés à une centrale de production de chaleur et d'électricité. Outre les difficultés technologiques inhérentes à l'utilisation de la très haute température, les premières évaluations technico-économiques placent ces solutions innovantes au-delà de 4 €/kg soit le carburant hydrogène (contenu énergétique de 120 GJ/t) à plus de 120 €/MWh, ceci sans compter son stockage et son transport.

1. Source IFP, http://www.ifp.fr/IFP/fr/evenement/panorama/IFP-Panorama07_06-Biocarburants_Europe_VF.pdf

2. D'importantes recherches sont menées en collaboration en Europe et dans le monde sur toutes les différentes techniques de production d'hydrogène. Les coûts avancés sont encore très préliminaires et disparates mais une convergence des coûts commencent à se faire jour à partir d'études techniques sérieuses et réalistes. Une bonne synthèse peut être trouvée dans un document du LLNL (États-Unis) que confirment des études technico-économiques récentes menées en particulier au CEA, voir http://www.llnl.gov/tid/lof/documents/pdf/313422.pdf

Tableau 8.3. ***Comparaison des différentes filières de production de carburants[1].***

Filière	Coût €/MWh	Bilan gCO_2/km	Remarques
Électrique	37	1	Présente le meilleur bilan économique et environnemental. Le bilan CO_2 est quasiment nul si l'électricité est d'origine nucléaire, hydraulique ou à énergies renouvelables
Carburants classiques (gazole et essence)	50	164	Référence actuelle au prix du pétrole à 50 €/baril. Le bilan CO_2 de l'essence est à 196 gCO_2/km.
GTL	55	179	Suit le cours du pétrole. Acun avantage réellement décisif pour cette filière.
CTL	60	369	Avantage ressouces. Coûts à 40 €/MWh si importé. Meilleur bilan CO_2 si séquestration (204 gCO_2/km) mais également vrai pour les autres filières.
BTL	87	17	Production en masse limitée (surfaces agricoles). Coût élevé mais bon bilan CO_2.
Biocarburants	101	134	Même remarque que pour le BTL : limites surfaces agricoles. Bilan CO_2 pour l'éthanol. Pour le biodiesel : 100 gCO2/km. Coûts élevés.
Hydrogène	> 120	13 à 419	En R&D. Problèmes technologiques. Coûts très élevés. Le bilan CO_2 dépend du mode de production (13 pour l'électrolyse utilisant de l'électricité nucléaire, 419 pour la gazéification du charbon).

Source du bilan CO_2 : EUCAR/CONCAVE Well-to-Wheel Analysis http://ies.jrc.ec.europa.eu/wtw.html

1. Les prix indiqués sont ceux de l'année 2006, avec un prix moyen du baril de pétrole à 50 €. Depuis, les prix du pétrole et du gaz ont fortement augmenté (+ 60 %), creusant encore davantage le fossé avec la filière électrique et renforçant d'autant notre conclusion générale.

Conclusion sur les transports

Les carburants classiques sont progressivement amenés à disparaître pour des raisons économiques (raréfaction des ressources) et environnementales (changement climatique). Une comparaison générale des différentes voies de production de carburants existants ou envisagés dans le futur pour le transport résumant ces coûts est fournie dans le Tableau 8.3.

Il apparaît clairement que la solution de propulsion électrique est celle qui offre les meilleurs avantages à la fois économiques et environnementaux, surtout en France où plus de 90 % de l'électricité produite ne dégage pas de gaz à effet de serre. Il convient donc d'œuvrer à lever les freins à son développement industriel, à savoir l'amélioration des performances et la réduction des coûts de production des batteries au lithium.

9

La non-prolifération

> *« Il n'y a rien de malfaisant dans l'atome ; uniquement dans l'âme humaine. »*
> A. Stevenson, candidat démocrate à l'élection présidentielle américaine en 1952.

Le développement de l'arme atomique a singulièrement modifié les rapports dans le monde. Les armes sont devenues tellement puissantes qu'elles rappellent à la raison pour la simple protection de l'humanité. La bonne ou mauvaise utilisation de cette énergie est entre les mains des hommes.

HISTORIQUE DE LA PROLIFÉRATION NUCLÉAIRE

Après le développement de l'arme nucléaire par les États-Unis lors de la Seconde Guerre mondiale (projet Manhattan) et après surtout son utilisation par deux fois en août 1945 (Hiroshima et Nagasaki), le monde a réalisé à quel point une arme nucléaire pouvait se révéler destructrice (Figure 9.1). La maîtrise de l'arme nucléaire a depuis lors été considérée par les grandes puissances comme à la fois nécessaire pour garantir leur sécurité (principe de la dissuasion) et en même temps comme un symbole pour asseoir leur puissance. C'est pourquoi, dès la fin de la guerre, une incroyable frénésie de développement de l'arme nucléaire s'est emparée de l'ensemble des pays. C'est ainsi que très peu de temps après les Américains, les Soviétiques accèdent au rang de puissance nucléaire en 1949. Ils sont suivis de près par les Britanniques en 1952, par les Français en 1960 puis par les Chinois en 1964. À cette époque, la guerre froide entre le camp occidental emmené par les Américains et le camp soviétique emmené par l'URSS bat son plein et l'escalade de la tension se mesure au nombre d'armes atomiques possédées par chaque camp. Des milliers d'engins nucléaires sont construits de part et d'autre. C'est également la course à la puissance unitaire pouvant être dégagée par bombe. Les tests d'explosions (à l'air libre, les traces de ces explosions nucléaires peuvent être encore aujourd'hui détectées dans l'atmosphère) sont monnaie courante avec des bombes de plus en plus puissantes. L'incident de la baie des cochons (en 1960, les Cubains exproprient et nationalisent des terres appartenant à des Américains puis s'allient aux Soviétiques) conduit à l'implantation de missiles nucléaires russes à Cuba, à portée du territoire des États-Unis. La crise est telle qu'une guerre nucléaire est frôlée. Heureusement, Kennedy et Khrouchtchev réussirent à conclure un accord et, le 28 octobre 1962, les Soviétiques annoncent le démantèlement de leurs rampes de lancement de missiles. En contrepartie, les États-Unis s'engagent à ne plus envahir Cuba. La mise au point technique de bombes à hydrogène (bombes H) qui relâchent des énergies de plus en plus spectaculaires (on ne parle plus en kilotonnes, mais en Mégatonnes) est impressionnante (Ivy Mike en 1952 avec ses 10,4 Mt est 700 fois plus puissante qu'Hiroshima). En réponse aux américains, les Russes font exploser la plus puissante bombe atomique jamais réalisée. En 1961, l'explosion de Tsar Bomba est évaluée à 57 Mégatonnes par mesure sismique de l'onde de choc. L'éclair de l'explosion était visible à plus de 1 000 km du point d'impact et le champignon atomique résultant monta à une altitude de

64 km sur un diamètre de plus de 30 km. La chaleur fut ressentie à 270 km à la ronde. La zone de destruction complète se situait dans un rayon de 25 km. Les retombées radioactives étaient dangereuses sur un rayon de 180 km. La course à l'armement prenait réellement des proportions gigantesques et effrayantes. Il fallait arrêter cette spirale infernale, sinon, c'est l'humanité tout entière qui allait en pâtir.

Figure 9.1 | L'explosion de la bombe atomique Little Boy en plein cœur de la ville d'Hiroshima (Japon) en août 1945 a causé la mort de plus de 100 000 personnes.

Afin de limiter la multiplication des armes nucléaires, des accords dédiés sont élaborés comme le Traité de non-prolifération (TNP) ou le Traité d'interdiction complète des essais nucléaires (TICE). Le rôle délicat de la surveillance de l'application et du respect de ces traités est confié à l'Agence internationale de l'énergie atomique (AIEA). Aujourd'hui, l'on peut dire que, grâce en partie à ces accords internationaux, le risque d'une guerre nucléaire mondiale totalement dévastatrice a été singulièrement réduit. Mais la situation politique en la matière est loin d'être satisfaisante et reste extrêmement préoccupante à plus d'un titre. D'une part, il reste toujours, malgré les accords de désarmement, des milliers d'ogives nucléaires de par le monde. Par ailleurs, le TNP n'a pas été ratifié par tous les pays et se trouve en pratique contourné par certains autres.

LES TRAITÉS DE NON-PROLIFÉRATION

En 1953, le président américain D. Eisenhower prononçait à la tribune des Nations Unies son fameux discours sur l'utilisation pacifique et civile du nucléaire (« *Atoms for peace* »). Il ouvrait ainsi la voie à la création de l'AIEA en 1956 puis à la période de guerre froide qui s'en suivit. Le traité de non prolifération en découlera également. Tout pays aurait donc le droit inaliénable à l'utilisation pacifique de l'énergie nucléaire, en échange de quoi il renoncerait irrémédiablement à toute utilisation du nucléaire à des fins militaires.

Le TNP

Le Traité de non-prolifération nucléaire (TNP), élaboré en 1968, a été signé par la quasi-totalité des pays du monde (188 sur 191) à l'exception notable d'Israël, de l'Inde et du Pakistan. La Corée du Nord, qui s'était retirée du traité en janvier 2003, a déclenché une crise sérieuse qui s'est fort heureusement conclue sur un accord spécifique en février 2007. Ratifié en 1970 pour une durée de 25 ans, le TNP a été reconduit en 1995 pour une durée indéterminée, à la condition, exigée par les pays arabes, que la résolution sur le Moyen-Orient adoptée lors de la conférence de prorogation de 1995 soit effectivement mise en œuvre. L'échec de la conférence d'examen du TNP en mai 2005 (New York) est dû à l'intransigeance de l'Égypte sur la question du Moyen-Orient. Il témoigne de la difficulté pour le monde de faire accepter tel quel l'état de fait nucléaire né de l'après-guerre.

Le principe de base du TNP repose sur une discrimination patente entre les États dotés de l'arme nucléaire (ceux qui ont fait exploser un engin nucléaire avant le 1er janvier 1967 dits EDAN), et les autres (non dotés de l'arme nucléaire dits ENDAN). Les cinq premiers (États-Unis, URSS, Royaume-Uni, France et Chine, membres permanents du Conseil de sécurité de l'ONU), s'engagent à ne pas aider d'autres pays à acquérir des armes nucléaires. Les seconds s'engagent à ne pas fabriquer d'armes nucléaires et à ne pas essayer de s'en procurer. Le TNP reprend les principales idées d'« *Atoms for peace* ». Il affirme entre autres le droit inaliénable des pays signataires à développer la recherche, la production et l'utilisation de l'énergie nucléaire à des fins civiles. Il engage également (article III-2) à « ne pas fournir de matières brutes ou de produits fissiles spéciaux, ou d'équipements ou de matières spécialement conçus ou préparés pour le traitement, l'utilisation ou la production de produits fissiles spéciaux à un État non doté de l'arme nucléaire, à moins que lesdites matières brutes ou lesdits produits fissiles spéciaux ne soient soumis aux garanties requises par le présent article ».

Le TNP contient également une clause relative au désarmement (article VI). L'objectif est un arrêt de la course aux armements nucléaires pour un désarmement général et complet sous contrôle international. Dans la pratique, les cinq états nucléaires (EDAN) ont effectivement cessé la course aux armements nucléaires et réduit significativement le nombre de têtes nucléaires. Mais bien qu'ayant désarmé quantitativement, ils continuent de renouveler et de moderniser leurs arsenaux nucléaires. Ils font même de la recherche de pointe pour en fabriquer de plus en plus sophistiquées. On pourrait leur reprocher de ne pas prendre de bonne foi des mesures suffisamment efficaces en vue d'un véritable désarmement nucléaire. Toutefois, l'esprit du traité s'inscrit dans le cadre d'un désarmement général et complet sous contrôle international, ce qui est encore loin d'être réalisé. C'est l'un des principaux reproches qui est souvent fait au TNP. Ce déséquilibre intrinsèque entre ceux qui disposent de l'arme nucléaire et ceux qui n'en disposent pas (les EDAN et les ENDAN) a poussé trois pays nucléarisés de fait (Israël, l'Inde et le Pakistan) à ne pas signer le TNP. Le principe du TNP est également ressenti par la majorité des pays du monde comme une injustice avérée. Il incite certains (et pas des moindres) au contournement du traité et au développement de programmes nucléaires clandestins, au grand dam de l'AIEA (Figure 9.2).

Figure 9.2 | ▤ Les cinq grandes puissances nucléaires (EDAN). ▬ Les puissances nucléaires officiellement déclarées (Inde, Pakistan). ■ Les pays suspectés de posséder l'arme nucléaire (Israël, Corée du Nord, Iran, Ukraine). ▩ Les pays suspectés d'avoir fait des recherches clandestines sur l'arme nucléaire (17 pays).

Le TICE

Le Traité d'interdiction complète des essais nucléaires ou TICE (en anglais *Comprehensive Test Ban Treaty* - CTBT) est un traité international signé le 24 septembre 1996 à New-York négocié dans l'enceinte de la Conférence du désarmement à Genève. Les pays signataires du TICE bannissent tout essai nucléaire dans quelque environnement que ce soit, quelle que soit la puissance de l'explosion, que ce soit pour des usages civils ou militaires. Le TICE a été signé par 176 pays et ratifié par 126 d'entre eux. L'Inde, le Pakistan et la Corée du Nord n'ont pas signé ce traité. De plus, huit autres importants pays nucléaires (la Chine, la Colombie, l'Égypte, les États-Unis, l'Indonésie, l'Iran, Israël et le Viêt Nam) doivent encore le ratifier, ce qui semble loin de se réaliser dans un avenir proche. L'entrée en vigueur du TICE est en effet subordonnée à la ratification du traité par les 44 États dotés de capacités nucléaires significatives.

LES ACCORDS DE DÉSARMEMENT NUCLÉAIRE

La course aux armements nucléaires étant devenue par trop exagérée, les deux blocs de la guerre froide (États-Unis et URSS) commencèrent à parler de désarmement. Il y eut d'abord, en 1972 et 1979, des accords de limitation (*Strategic Arms Limitation Talks*, SALT), puis, en 1991 et 1993, des accords de réduction des arsenaux (*Strategic Arms Reduction Treaty*, START), ramenant (de plus de 13 000) à 3500 chacun le nombre total d'ogives nucléaires. Malgré ces accords, la situation mondiale est préoccupante. L'estimation du nombre d'armes nucléaires détenues en 2008 par les cinq pays dotés est la suivante :

- Russie : 16 000 dont 5800 actives.
- États-Unis : 10 000 dont 5700 actives.
- France : 350 têtes, toutes actives.
- Royaume-Uni : 250 dont 200 actives.
- Chine : 200 dont 150 actives.

Les trois pays non-signataires du TNP, disposeraient également de l'arme nucléaire :

- Israël : 100 têtes, toutes actives. Suite aux révélations d'un ancien technicien de la centrale nucléaire de Dimona, Mordechaï Vanunu, Israël disposerait de plusieurs bombes atomiques. La position officielle israélienne a toujours été de ne pas confirmer ni d'ailleurs d'infirmer ces révélations. Cependant, le secrétaire d'État américain à la défense (R. Gates) a laissé entendre en 2006, lors d'une audition au Sénat à propos de l'Iran, qu'Israël disposait bien de l'arme atomique.
- Inde : 50 têtes, toutes actives. L'Inde a officiellement réalisé son premier essai d'explosion atomique le 11 mai 1998, après avoir procédé en 1974 à un essai nucléaire qualifié de « pacifique ».

L'escalade nucléaire a été entretenue par les tensions politiques croissantes avec son voisin, le Pakistan.

– Pakistan : 60 têtes, toutes actives. En réponse aux essais indiens, le Pakistan a réalisé quelques jours plus tard, le 28 mai 1998, son premier essai nucléaire. Le Pakistan a développé l'arme nucléaire sous la supervision du docteur Abdul Qadeer Khan. Après plusieurs essais nucléaires, le Pakistan et l'Inde ont tous deux déclaré des moratoires unilatéraux sur les essais en juin 1998.

La Corée du Nord est le seul pays ayant ratifié le TNP soupçonné d'avoir effectivement acquis l'arme atomique. Le nombre de têtes y est estimé à moins d'une dizaine, dont quelques-unes pourraient être actives. Accusée par les États-Unis de poursuivre un programme clandestin d'enrichissement de l'uranium dans ses réacteurs de Yongbyon, la Corée du Nord a décidé d'expulser les inspecteurs de l'AIEA en décembre 2002 puis de se retirer du TNP en janvier 2003. En mars 2003, l'invasion américaine en Irak sans l'aval de l'ONU sous le prétexte fallacieux de détention d'armes de destruction massive, a achevé de convaincre les Coréens du Nord de se méfier des propositions américaines. La Corée du Nord a procédé à un essai nucléaire souterrain le 9 octobre 2006, jugé par l'ensemble des spécialistes comme un échec technique (les mesures sismiques indiquaient une puissance inférieure à une kilotonne, à comparer aux 15 kt d'Hiroshima). Les relations avec les Américains s'étant envenimées, il a fallu élargir les négociations en ouvrant des pourparlers à six (Corée du Nord, Corée du Sud, États-Unis, Chine, Japon, Russie). Ceux-ci ont finalement abouti à un accord signé à Pékin le 13 février 2007, ouvrant la voie à une dénucléarisation de la péninsule coréenne.

À l'heure actuelle, aucun autre pays ne semble en possession d'engins nucléaires. Mais certains pays, bien que signataires du TNP, sont soupçonnés de mener en parallèle des programmes clandestins pour tenter d'acquérir l'arme nucléaire. Le plus flagrant est bien évidemment l'Iran, qui a ouvertement repris son programme nucléaire en 2006. Grande puissance régionale, son ambition affichée est la maîtrise de la technologie civile avec la production d'uranium enrichi. Après avoir installé deux chaînes de 164 centrifugeuses dérivées de la technologie pakistanaise (acquises en partie par l'intermédiaire du réseau clandestin développé par le docteur Abdul Qadeer Khan) au sein du pilote d'enrichissement du site de Natanz, les Iraniens ont officiellement annoncé fin 2006 la mise en œuvre de 3000 nouvelles centrifugeuses (de technologie identique mais fabriquées localement). Ce programme d'enrichissement (dont la justification est davantage politique qu'économique) fait dire à certains que l'ambition réelle cachée de l'Iran est de chercher à produire de l'uranium hautement enrichi pour la fabrication d'armes nucléaires. L'office américain *National Intelligence Council* (NIC) a publié un rapport[1] estimant que l'Iran n'était pas aujourd'hui en mesure de produire suffisamment de matière fissile pour la fabrication d'une bombe nucléaire (très probablement pas avant 2013). Avec 164 centrifugeuses, l'Iran aurait besoin de trois années pleines pour fabriquer assez de matière fissile pour une seule bombe nucléaire. Lorsque les 3 000 centrifugeuses seront effectivement pleinement opérationnelles, les Iraniens pourront, s'ils souhaitent se doter de l'arme nucléaire, y produire assez de matières fissiles nécessaires à la production d'une dizaine d'engins par an. La position officielle iranienne reste cependant la maîtrise du nucléaire à des fins exclusivement civiles et rien n'indique objectivement la présence d'installations d'enrichissement de niveau militaire. Signalons que le cas de l'Iran est assez symptomatique des problèmes posés par le TNP et surtout par son application effective.

Les autres pays ayant développé (ou qui sont soupçonnés de vouloir développer) des programmes d'armement nucléaire sont l'Afrique du Sud (qui a compté jusqu'à sept têtes nucléaires, démantelées suite à l'adhésion au TNP en 1991), l'Algérie (réacteur nucléaire d'Aïn Oussara à 160 km d'Alger), l'Arabie Saoudite (accord avec le Pakistan), l'Argentine, la Biélorussie, le Brésil, l'Irak (programme démantelé à la fin de la première guerre du golfe en 1991), le Kazakhstan (ancienne

1. « *Iran : Nuclear Intentions and Capabilities* », National Intelligence Estimate, November 2007.

base nucléaire soviétique), la Libye (abandon en 2003), la Suède, la Suisse (dans les années 1960), la Syrie et l'Ukraine. Des interrogations pèsent également sur la Birmanie qui a sollicité l'aide de la Russie pour un programme nucléaire dont la finalité n'est pas établie.

LA VÉRIFICATION DU RESPECT DES TRAITÉS

L'une des difficultés majeures réside dans la vérification du respect du traité signé. Ce rôle incombe à l'Agence internationale de l'énergie atomique (AIEA), organisation des Nations Unies. Basée à Vienne (Autriche), l'AIEA a pour mission de promouvoir les usages pacifiques de l'énergie nucléaire et d'en limiter les applications militaires. Il est relativement difficile et délicat de vérifier qu'une installation nucléaire dans un état ayant signé le TNP ne soit pas effectivement détournée pour y conduire des activités interdites par le TNP. Sans compter que ces états peuvent très bien construire des installations nucléaires clandestines sans en référer à l'AIEA.

L'AIEA

L'AIEA est chargée en vertu de l'article III du TNP, de contrôler l'usage pacifique des matières nucléaires dans les pays non dotés de l'arme nucléaire. Suite à la découverte d'activités nucléaires clandestines en Irak, un programme de renforcement des garanties de l'AIEA, a été lancé, visant à accroître l'étendue et la précision des contrôles de non-prolifération nucléaire. De plus, un protocole additionnel (du 22 septembre 1998) complète les mesures de l'accord de garanties fondé sur la vérification par l'AIEA de la comptabilité des matières nucléaires déclarées. Cependant, seuls 87 des 189 États membres du TNP appliquaient ce protocole additionnel à la fin de 2007. En cas de constat par l'AIEA de la violation de l'accord de garanties par un ENDAN, le dossier est transmis au Conseil de sécurité des Nations Unies. C'est précisément le cas aujourd'hui pour l'Iran.

Respect du TICE

Afin que ce traité soit respecté, l'Organisation du traité d'interdiction complète des essais nucléaires (OTICE) a été créée. Elle gère dans le monde entier des instruments de mesures sismographiques afin de détecter d'éventuels essais clandestins. Il s'agit d'un réseau composé de 321 stations de détection et de 16 laboratoires d'analyses de radionucléides. Grâce à ce réseau, on peut détecter sur l'ensemble du globe le moindre essai nucléaire (qu'il soit souterrain ou atmosphérique). Même l'essai raté Nord-Coréen de 2006 a été aisément détecté (rappelons qu'il avait dégagé une énergie inférieure à une kilotonne). Le réseau comprend 170 stations sismiques, 80 stations radionucléides, 60 stations infrasons et 11 stations hydroacoustiques. La France, par l'intermédiaire du CEA (Bruyères-le-Châtel) est responsable de 24 de ces stations.

LE COMMERCE DE PRODUITS NUCLÉAIRES

À la grande différence des matières premières usuelles, les produits nucléaires n'obéissent pas aux règles du commerce international dont la vocation première est d'en faciliter la circulation. Bien au contraire, le commerce nucléaire est strictement régenté par les États détenteurs de la technologie nucléaire au travers de deux entités, le comité Zangger et le Groupe des fournisseurs nucléaires (GFN).

Comité Zangger

Du nom de son premier président suisse (Claude Zangger), ce comité informel d'États fournisseurs de technologie nucléaire établit depuis 1974 des listes détaillant les produits susceptibles de relever de la prolifération nucléaire (mise en application des dispositions du fameux article III-2 du TNP cité plus haut). Il s'agit d'une part de matières brutes et de produits fissiles spéciaux et de l'autre d'équipements ou matières spécialement conçus pour le traitement, l'utilisation ou l'obtention de produits fissiles (la « *trigger list* »). Les garanties de l'AIEA sont applicables à ces articles qui sont par ailleurs soumis à un régime d'exportation spécifique vers les pays non-adhérents au TNP.

Groupe des fournisseurs nucléaires

L'explosion d'un dispositif nucléaire en 1974 par un État non doté (l'Inde) a démontré (si l'en était besoin) qu'une technologie nucléaire civile pouvait être détournée à des fins militaires. À la suite de quoi, les principaux pays nucléaires ont décidé de former le Groupe des fournisseurs nucléaires (GFN ou NSG, appelé également club de Londres) pour renforcer le régime initialement défini par le Comité Zangger. La liste des technologies sensibles fut étendue à d'autres biens ou équipements potentiellement proliférants et les conditions d'exportation ont été rendues plus rigoureuses. À la différence du Comité Zangger, les directives du GFN s'appliquent à tous les États non dotés (qu'ils fassent ou non partie du TNP). De plus, l'accès en 1991 aux détails du programme nucléaire clandestin irakien, a révélé qu'un certain nombre d'articles non présents sur les listes (Zangger ou NSG) pouvaient être détournés pour un usage militaire. En conséquence, un grand nombre de produits dits à double usage ont été rajoutés à la liste des biens soumis à autorisation. Dans la pratique, la plupart des refus d'exportation ont concerné des états qui ont des programmes nucléaires non soumis aux garanties de l'AIEA.

NUCLÉAIRE ET TERRORISME

Le terrorisme nucléaire peut désigner des attaques terroristes comme l'utilisation d'une arme nucléaire, l'utilisation d'une bombe radiologique (dite bombe sale), ou l'attaque directe d'une installation nucléaire (réacteur nucléaire ou site de stockage de déchets nucléaires). Les études montrent que les deux derniers scénarios (bombe sale et attaque d'une centrale nucléaire) restent d'un impact limité dans l'espace et dans le temps. Le risque terroriste le plus dangereux est l'utilisation d'une véritable arme nucléaire (en général de type miniaturisé, fournie par un état voyou ou achetée à des intermédiaires). En 2002, les États-Unis ont lancé un vaste programme pour limiter la dissémination de matière nucléaire hautement enrichie. Il comprend la transformation du combustible de tous les réacteurs de recherche du monde en un combustible à uranium faiblement enrichi (à teneur en matière fissile inférieure à 19,9 %). Ce programme s'applique en particulier à 24 réacteurs soviétiques dans 16 pays, dans le but de réduire les risques que des matières nucléaires ne tombent dans les mains de terroristes ou d'états voyous. Des réacteurs de recherche (de type TRIGA américain) ont également été convertis pour pouvoir utiliser un combustible à l'uranium faiblement enrichi dans le cadre du programme « *Global Threat Reduction Initiative* ».

L'ARME NUCLÉAIRE : DISSUASION OU DANGER ?

Il convient de distinguer l'arme nucléaire stratégique, instrument de la doctrine de dissuasion nucléaire, destinée à prévenir un conflit, de l'arme nucléaire tactique, susceptible d'être utilisée sur des objectifs militaires au cours d'un conflit. Une tête nucléaire opérationnelle est associée à un vecteur chargé de l'amener sur la cible. Ces vecteurs sont des missiles tirés à partir de plateformes aériennes (avions de combat), sous-marines ou terrestres (fixes ou mobiles) ou des bombes larguées par avion.

Il est réellement difficile de savoir si la possession de l'arme atomique a évité une troisième guerre mondiale. Mais la dissuasion nucléaire est sans conteste un élément de stratégie géopolitique mondiale. Pour preuve, le nombre de prétendants au statut de puissance nucléaire ne cesse d'augmenter.

Plus récemment, deux dérives inquiétantes semblent se profiler dans l'utilisation possible d'armes atomiques. D'une part, certains stratèges instillent insidieusement l'idée de l'usage de l'arme nucléaire pour la protection d'intérêts nationaux dits vitaux, éventuellement de manière préventive, ce qui constitue une entorse majeure à la politique de dissuasion pure. D'autre part, la miniaturisation des armes permet aujourd'hui leur transport dans une simple valise diplomatique. Le risque nucléaire n'est donc plus seulement un risque entre états nations qui disposent d'infrastructures lourdes mais concerne de plus en plus des organisations parallèles ou des mouvements terroristes, par définition incontrôlables. Ces deux dérives font craindre qu'une arme nucléaire puisse être un jour effectivement utilisée, soit par un état (sous prétexte de légitime défense, comme de bien entendu), soit par des groupes terroristes (qui auront été savamment manipulés ou commandités). En définitive, les deux visions stratégiques antagonistes sur le nucléaire militaire persistent. Pour certains, c'est un formidable outil de dissuasion (*si vis pacem, para bellum*). À ce titre, la détention d'armes nucléaires a pu éviter des guerres qui auraient pu s'avérer meurtrières (exemple du conflit entre l'Inde et le Pakistan, ou entre les États-Unis et l'URSS à l'époque de la guerre froide). On ne déclare pas impunément la guerre à un état qui détient l'arme nucléaire car il faudra s'attendre à essuyer de terribles représailles sur son propre sol. Pour d'autres, en revanche, la détention d'armes nucléaires est intrinsèquement dangereuse et déstabilisatrice, menant les pays à une course effrénée aux armements pour faire valoir leur point de vue (cas de la Corée du Nord et de son chantage par le nucléaire). Pour ceux-là, la prolifération a transformé la planète en une poudrière qui risque d'exploser à la moindre étincelle. Les deux visions coexistent et font de l'arme atomique une arme à double tranchant, difficile à appréhender. Après avoir découvert une arme terrifiante, le grand défi posé à l'humanité sera de pouvoir la contrôler.

10

Le futur de l'énergie nucléaire

> « *La prédiction est difficile, surtout lorsqu'il s'agit de l'avenir.* »
> Niels Bohr, prix Nobel de physique en 1922.

Sachant que le nucléaire de demain se prépare aujourd'hui, nous esquisserons une tentative de projection temporelle dans le futur. Quelle forme prendra l'énergie nucléaire au XXIe siècle? Nous aborderons les évolutions possibles en glissant de l'avenir proche (la 3e génération) vers le futur lointain (la fusion nucléaire) en passant par un horizon à moyen terme pour autant qu'il puisse être dépeint à l'instant présent (la 4e génération).

LES RÉACTEURS DE 3e GÉNÉRATION

Pourquoi une troisième génération ?

Avec plus de 40 ans de développement, l'industrie nucléaire est devenue mature. Les besoins de recherche et développement se sont progressivement orientés vers des considérations plus opérationnelles que conceptuelles. L'objectif industriel n'est plus d'inventer de nouveaux schémas de réacteurs, mais plutôt de perfectionner les types de réacteurs existants. Les nouvelles installations requièrent des exigences accrues en matière de sûreté et de sécurité ainsi qu'une meilleure gestion du combustible et des déchets.

La première génération des réacteurs était celle des années 1950-1960 où les différents concepts étaient testés. Cette période a vu fleurir un grand nombre de réacteurs différents (Figure 10.1). Avec un choix multiple du combustible (uranium naturel, uranium enrichi, plutonium, thorium), du caloporteur (eau, eau lourde, gaz carbonique, gaz hélium, métaux liquides, sels fondus) et du modérateur (eau, eau lourde, graphite, aucun), les variantes possibles sont très nombreuses. Plusieurs centaines de combinaisons peuvent être envisagées.

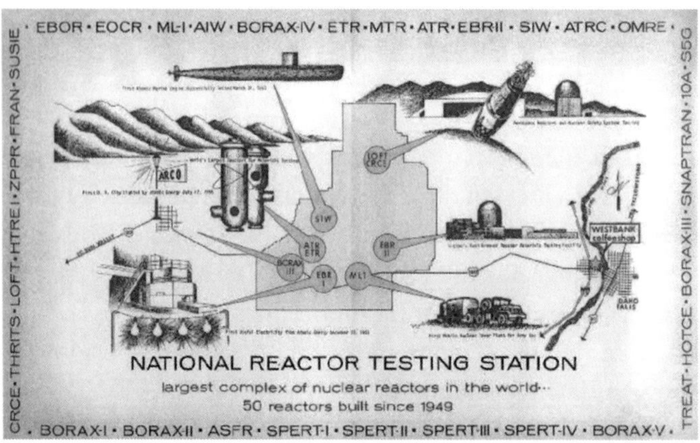

Figure 10.1 | Cette image illustre le bouillonnement des concepts des réacteurs testés dans les années d'après-guerre. Plus de 50 réacteurs différents ont été construits sur le seul site américain d'Idaho (aujourd'hui Idaho National Laboratory).

Comme on l'a vu au chapitre précédent, seule la filière à eau (pressurisée ou bouillante) a réellement percé. La seconde génération fut celle des grands chantiers industriels (1970-1980), où des centaines de réacteurs à eau ont été construits. Un coup d'arrêt brutal à l'expansion industrielle est arrivé avec les accidents de Three Mile Island (États-Unis, en 1979) puis de Tchernobyl (URSS, en 1986). Les concepts des réacteurs existants ont dû être repensés avec de nouvelles normes de sûreté et d'exploitation. D'où l'émergence d'un certain nombre de réacteurs dits de troisième génération, ayant comme ligne directrice une sûreté renforcée tout en améliorant la compétitivité économique. Ce sont des réacteurs dits « évolutionnaires » (par opposition à « révolutionnaires »). En effet, ils sont tous dérivés des réacteurs existants de seconde génération, avec le plus souvent un cœur quasiment identique, intégrant cependant des modifications importantes sur la sûreté et dans leur fonctionnement opérationnel. Certains concepts assurant une « sûreté passive » ont été élaborés, qui ne requiert aucune intervention humaine en cas d'accident (le réacteur se met automatiquement en sécurité). Mais ceux-ci présentent forcément des puissances plus faibles et un coût final au kW installé plus élevé. Parmi les réacteurs de 3e génération[1], citons pour les REP l'*European Pressurized Reactor* (EPR d'AREVA) et l'AP1000 (de Westinghouse), pour les bouillants l'ABWR (*Advanced Boiling Water Reactor* de General Electric) et pour les réacteurs à eau lourde l'ACR1000 (*Advanced CANDU Reactor* d'AECL au Canada) et l'AHWR (*Advanced Heavy Water Reactor* du BARC en Inde). Nous ne détaillerons ici que l'EPR et l'ABWR, les deux réacteurs à être à l'heure actuelle effectivement construits.

L'EPR

L'idée de l'EPR est née suite à l'accident de Tchernobyl. En 1989, les deux constructeurs français (FRAMATOME) et allemand (SIEMENS) ont décidé de réunir leurs efforts pour concevoir un réacteur nucléaire commun (Figure 10.2). Les électriciens français

1. Certains concepts avancés sont parfois désignés comme de génération III+. Le « plus » est plutôt superflu, étant donné que les concepts de la deuxième et de la troisième génération ne sont déjà pas si éloignés entre eux.

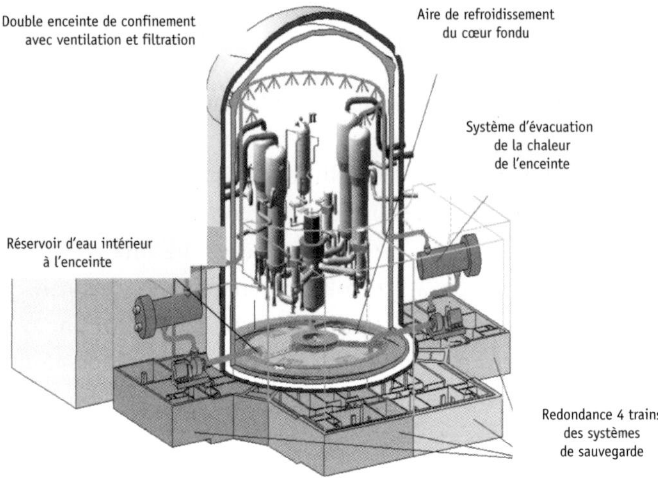

Figure 10.2 | Le concept de l'EPR est basé sur la redondance de 4 trains de systèmes de sauvegarde placés dans des bâtiments séparés du bâtiment central abritant le réacteur.

et allemands s'y associeront deux ans plus tard. Fait unique à cette époque, le réacteur devait répondre aux normes de sûreté des deux instituts nationaux de sûreté nucléaire (l'IPSN français et le GRS allemand). C'est un premier pas vers l'harmonisation de la sûreté nucléaire à l'échelle européenne. En 1995, ceux-ci unifient leurs règles de sûreté sous le label EUR (*European Utility Requirements*). En 1997, le premier concept de l'EPR est publié (*Basic Design Report*). Ce réacteur est un mariage entre un cœur nucléaire français (issu des N4 construits à Chooz et Civaux) et la partie conventionnelle issue des centrales allemandes KONVOI. Ce qui fait dire que l'EPR est un « un îlot nucléaire français dans une centrale allemande ». C'est un réacteur plus puissant (1650 MWe) qui présente un rendement global légèrement meilleur (36 % grâce à une augmentation de la pression secondaire à 78 bars et une turbine améliorée). Les marges prises dès la conception sur tous les composants et notamment sur la cuve (isolée du cœur par un réflecteur en acier inox de 20 cm d'épaisseur moyenne) lui permettent de prétendre à une durée de vie supérieure à 60 ans. Suivant la même philosophie pour gagner des marges, la puissance linéique a été réduite (155 W/cm au lieu de 179 W/cm pour le N4). Le taux de combustion du combustible peut y être poussé (à 60 GWj/t au lieu de 45 GWj/t) et un moxage à 50 % du cœur est possible[1], c'est-à-dire que l'EPR acceptera de fonctionner avec un combustible pour moitié chargé en MOX (*Mixed OXide*, mélange d'uranium et de plutonium). Citons quelques-unes des multiples améliorations qui ont été apportées vis-à-vis de la sûreté :

1. L'isolement des bâtiments.
2. La redondance des circuits de sauvegarde.
3. La simplification (injection de sécurité d'eau, inventaire en eau dans le pressuriseur et le GV, contrôle-commande).
4. Le récupérateur de corium en cas de fusion du cœur.
5. Un liner étanche (avec catalyseurs pour la gestion de l'accident d'hydrogène).
6. L'élimination des insertions de fond de cuve.
7. L'amélioration des réponses aux risques sismiques.
8. Un renforcement des enceintes en béton (chutes d'avions).

Grâce à la redondance, une partie de la maintenance pourra être faite en opération. Les arrêts seront plus courts et les cycles plus longs. Une disponibilité supérieure à 92 % est ainsi prévue (à comparer aux 80 % obtenus aujourd'hui sur les REP français).

En Europe, deux EPR sont en cours de construction, l'un à Olkiluoto (Finlande, client TVO) depuis 2005 et l'autre à Flamanville (France, client EDF) depuis 2007. Les deux projets ont pris du

1. Moyennant certaines modifications, le cœur pourra même être entièrement chargé avec un combustible MOX.

retard par rapport aux plannings prévisionnels. Il faut dire que les délais initiaux étaient par trop ambitieux pour une première construction. Le délai effectif de construction de l'EPR s'avère être dans la moyenne des réacteurs de deuxième génération précédemment construits (de 6 à 7 ans). Le démarrage de l'EPR français de Flamanville est prévu pour 2016. Par ailleurs, AREVA a signé avec CGNPC (*China Guangdong Nuclear Power Corp.*) en novembre 2016 un très gros contrat (8 G€) comprenant la construction de deux EPR à Taishan (province du Guangdong).

L'ABWR

L'autre grand constructeur de centrales nucléaires, General Electric, propose également un réacteur moderne de 3e génération dans la filière des REB (Réacteurs à eau bouillante), l'ABWR, de puissance unitaire de 1350 MWe. De même que pour l'EPR, la densité de puissance du cœur a été réduite de 10 % afin de se ménager des marges de sécurité. Les innovations concernent la standardisation des composants ainsi que la précertification par la NRC (*Nuclear Regulatory Commission*) qui devrait notablement réduire le temps de construction. Des pompes de recirculation ont été insérées dans la cuve du réacteur, éliminant les gros tubes de recirculation externes. Le risque de perte de refroidissement primaire devient ainsi quasiment inexistant. Le mouvement des barres de contrôle a été amélioré. En cas d'accident grave comme la perte de réfrigérant primaire, aucune action n'est requise de l'opérateur pendant au moins trois jours (concept de sûreté passive).

Il y a quatre ABWR en fonctionnement au Japon ; deux à Kashiwazaki-Kariwa (arrêtés suite au tremblement de terre de juillet 2007 puis redémarrés deux ans plus tard) ; un à Hamaoka (depuis 2004) et un à Shika (2006) ; deux autres sont en construction à Taïwan (Lungmen) et devraient démarrer dans les années qui viennent. Avec le renouveau du nucléaire aux États-Unis, deux nouveaux ABWR sont en projet au Texas (NRG et South Texas ont déposé en novembre 2007 à la NRC une demande de licence combinée[1]). Cependant, suite à l'accident de Fukushima au Japon, l'autorité de sûreté américaine a demandé un réexamen plus approfondi de la sûreté de ces nouveaux réacteurs bouillants.

LES SYSTÈMES DE 4e GÉNÉRATION

Les réacteurs actuels, y compris ceux de 3e génération, consomment l'isotope fissile (uranium 235) de l'uranium. Or, les ressources en uranium de la planète ne sont pas illimitées (voir le chapitre 6 sur l'uranium). On ne pourra donc indéfiniment faire fonctionner ce type de centrales nucléaires surtout si les besoins énergétiques nous poussent à en construire davantage. Cette situation ne saurait être durable. Un accroissement significatif du nombre de réacteurs nucléaires dans le monde risque de créer de fortes tensions sur le marché de l'uranium. Si l'on souhaite produire de l'électricité nucléaire de manière durable et relativement bon marché, il est techniquement possible de concevoir de nouveaux systèmes qui sont intrinsèquement capables de produire de la matière fissile à partir d'éléments fertiles. Incidemment, les réacteurs actuels en produisent déjà un petit peu (c'est le plutonium), mais insuffisamment pour pouvoir fonctionner en cycle complètement fermé (le combustible usé déchargé ne contient que 1,8 % de matière fissile alors qu'il en contenait 4 % au départ). La solution technique réside dans l'utilisation d'un spectre de neutrons rapide, qui favorise le rapport (fissions/captures). Dans un spectre rapide, on produit davantage de fissions par neutron capturé que dans un spectre thermique. Il faut concevoir ces nouveaux types de réacteurs (dits Réacteurs à neutrons rapides ou RNR) et en même

1. Afin de faciliter les démarches administratives d'autorisation, les autorités américaines ont permis de combiner les autorisations de licence (label de sûreté délivré par la NRC) et d'opération (autorisation de construction et de fonctionnement industriel sur un site donné). Dans le passé, beaucoup de projets de réacteurs nucléaires avaient été abandonnés à cause des lourdeurs d'autorisation et du risque pris par les industriels de ne pouvoir faire fonctionner leur réacteur une fois celui-ci construit (certains réacteurs avaient été achevés mais n'ont pas fourni le moindre kilowattheure).

temps travailler sur l'ensemble du cycle du combustible pour pouvoir en extraire la matière fissile. C'est pourquoi l'on parle, non pas simplement de réacteurs, mais de *systèmes nucléaires* du futur, la récupération du combustible faisant alors partie intégrante du système.

Objectifs des réacteurs du futur

Le premier objectif est bien évidemment **la durabilité**. En utilisant des systèmes nucléaires qui, en régime de croisière, sont capables de générer autant de matière fissile qu'ils n'en consomment, la matière fissile ne sera plus une denrée rare. Ces systèmes auront *in fine* uniquement besoin d'être alimentés en matière fertile, c'est-à-dire en uranium naturel. Du coup, les ressources en matière première s'en trouvent augmentées d'un facteur 140 ! Si le parc mondial de réacteurs était exclusivement composé de RNR, les ressources estimées en uranium passeraient de 300 ans (évaluation donnée pour la consommation actuelle) à plus de 30 000 ans ! Autant dire qu'il n'y aurait plus d'inquiétude à avoir sur une éventuelle pénurie de combustible.

Le second objectif est la **minimisation des déchets**. Là encore, les réacteurs à neutrons rapides peuvent se révéler être très efficaces. En effet, en absorbant un neutron rapide, les actinides mineurs produits (neptunium, américium et curium) peuvent être soit fissionnés, soit transmutés en des éléments à durée de vie plus courte. Le résultat global est que les déchets finaux de ces systèmes de 4e génération seraient quasi exclusivement les déchets ultimes, c'est-à-dire les produits de fission. En séparant grâce à un traitement chimique adéquat les actinides mineurs des combustibles usés, il sera possible de les transmuter en réacteur. Comme on l'a vu au chapitre 5, ne resteraient alors à envoyer vers le stockage profond que les produits de fission dont la durée de vie ne dépasse guère 30 ans.

Un dernier objectif assigné aux systèmes du futur est de faire aussi bien (ou mieux si possible) que les réacteurs nucléaires de 3e génération dans les domaines de la **sûreté**, de la **compétitivité économique** et de la **non-prolifération**.

Le Forum International Gen IV

Le *Generation IV International Forum* (GIF) est une initiative du Département de l'énergie (DOE) des États-Unis destinée à instaurer une coopération internationale dans le cadre du développement des systèmes nucléaires du futur. Le Forum compte actuellement 13 pays membres : l'Argentine, le Brésil, le Canada, la Chine, la France, le Japon, la République de Corée, l'Afrique du Sud, la Suisse, le Royaume-Uni, la Russie, la Suisse, les États-Unis et l'Union Européenne. Le premier travail du forum a consisté en une comparaison des différents systèmes nucléaires à l'aune de critères préalablement fixés. Ces critères sont identiques à ceux décrits plus haut, à savoir les critères de rentabilité et d'économie des ressources (critères industriels), les critères de sûreté et de minimisation des déchets (critères environnementaux) et le critère de réduction des risques de prolifération (critère politique). Ces systèmes permettent d'autres applications que la production d'électricité, telles que le dessalement de l'eau de mer ou la production d'hydrogène. La diversité des besoins à couvrir et les contextes internationaux ont abouti à la sélection de six concepts de systèmes du futur (Figure 10.3), sur lesquels les efforts de R&D devront se concentrer. Ce sont :

- Les systèmes rapides à caloporteur sodium (SFR)
- Les systèmes rapides à caloporteur plomb (LFR)
- Les systèmes rapides à caloporteur gaz (GFR)
- Le réacteur à très haute température (VHTR)
- Le réacteur à eau supercritique (SCWR)
- Les systèmes à sels fondus (MSR).

Le critère le plus sélectif a été celui de la durabilité. Le VHTR est le seul concept sélectionné qui ne réponde pas stricto sensu au critère des ressources. Mais, en contrepartie, il offre de multiples possibilités en matière de cogénération et d'utilisation de la chaleur industrielle (voir chapitre 8). Quant au réacteur à eau supercritique, il peut être décliné en deux versions, une première à spectre thermique et une seconde à spectre rapide.

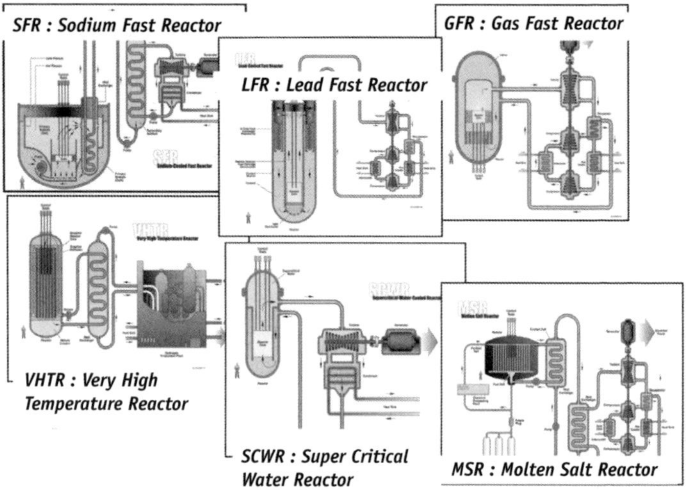

Figure 10.3 | Les six concepts de réacteurs du futur sélectionnés par le Forum International de Génération IV. Seul le VHTR ne répond pas au critère de durabilité, mais permet en revanche des applications industrielles de la chaleur.

La seconde étape des travaux du forum aura pour but de consolider la faisabilité des six systèmes sélectionnés en levant les verrous technologiques et en validant leurs performances. Les systèmes dont la faisabilité aura été confirmée devraient aboutir à la construction d'un démonstrateur aux alentours de 2020, immédiatement suivi d'un prototype dans la perspective d'un déploiement industriel possible à l'horizon 2040.

LA RECHERCHE POUR LE NUCLÉAIRE DU FUTUR

Contrairement aux réacteurs de 3e génération qui sont déjà en construction, les systèmes de 4e génération demandent un important effort de recherche et de développement. Plusieurs axes de recherche sont instaurés pour aider à la validation complète de ces nouveaux systèmes.

La simulation

Tout d'abord, grâce aux progrès continus des outils informatiques, la **modélisation** des systèmes nucléaires peut être grandement affinée. Aujourd'hui, on peut beaucoup mieux prédire par le calcul les caractéristiques neutroniques du cœur d'un réacteur nucléaire, établir les marges à la rupture du combustible ou afficher les lois de comportement des matériaux sous contraintes. Une nouvelle génération de codes de calcul est en gestation pour permettre de décrire le comportement de l'ensemble des composants en trois dimensions et à toutes les échelles. Ces nouvelles plateformes logicielles intégrées reposent sur une approche dite « multi-échelles » (allant de l'échelle microscopique voire atomique à l'échelle macroscopique) et multidisciplinaire (prenant en compte les interactions entre les différentes disciplines : la neutronique, la thermohydraulique et la mécanique, jusque-là traitées de manière séparée) (Figure 10.4).

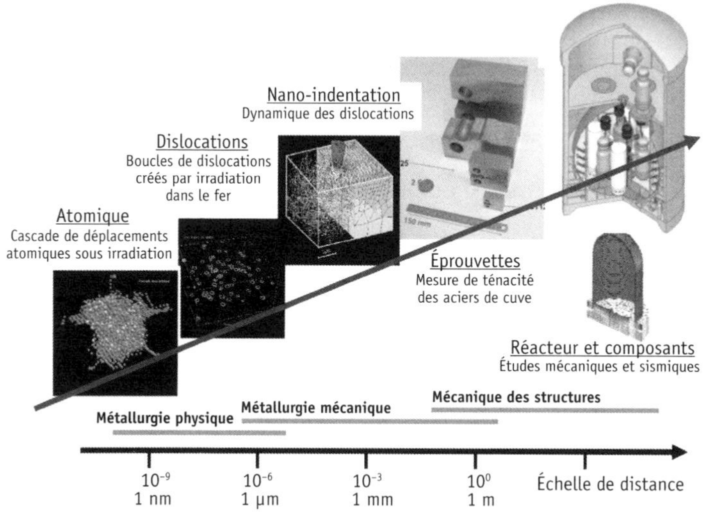

Figure 10.4 | Exemple de simulation multi-échelle appliquée aux études sur les matériaux. Les calculs peuvent se faire de l'échelle atomique à l'échelle de la structure du bâtiment réacteur qui fait plusieurs dizaines de mètres.

Les matériaux

Les recherches sur les **matériaux** joueront un rôle clé dans l'avènement des réacteurs du futur. En effet, de nouveaux matériaux doivent être élaborés afin de pouvoir résister à deux sollicitations très importantes. La première est thermique : les réacteurs devront fonctionner à haute température, allant de 550 °C pour le SFR jusqu'à 1 000 °C pour les VHTR. La seconde sollicitation est neutronique. Les flux de neutrons envisagés seront très élevés ($> 10^{15}$ n/cm^2.s) et les dommages subis par les matériaux seront beaucoup plus importants que dans les réacteurs thermiques, un neutron rapide créant davantage de défauts par déplacements atomiques qu'un neutron lent. Un objectif ambitieux serait de savoir élaborer des matériaux capables de soutenir des doses intégrées supérieures à 200 dpa[1], soit quasiment un ordre de grandeur de plus que les matériaux irradiés actuels des REP (30 dpa). Par ailleurs, la **corrosion** des matériaux représente toujours un axe de recherche important car c'est un phénomène qui doit être d'autant mieux maîtrisé que l'on fonctionne à haute température.

Le combustible

Il va sans dire que le **combustible** lui-même représente l'un des grands défis des systèmes nucléaires du futur. Les fortes contraintes neutroniques et géométriques restreignent assez drastiquement les choix des céramiques combustibles, qui devront résister, tout comme les matériaux de structures, aux hautes températures et aux hautes fluences neutroniques. En outre, le combustible choisi devra conserver son intégrité même en cas d'accidents avec un relâchement réduit des produits de fission. La qualification et la validation de ce

1. Le dpa ou déplacement par atome est une mesure du dommage subi par un matériau. Un dpa signifie que chaque atome dont est composé le matériau s'est déplacé en moyenne une fois sous irradiation neutronique. Les conséquences sont une fragilisation, un gonflement et quelquefois le fluage du matériau irradié, dégradant ses performances mécaniques et pouvant mener à la rupture.

combustible nécessiteront le recours à des réacteurs d'irradiation, comme le Réacteur Jules Horowitz (RJH) en cours de construction sur le centre CEA de Cadarache (Figure 10.5).

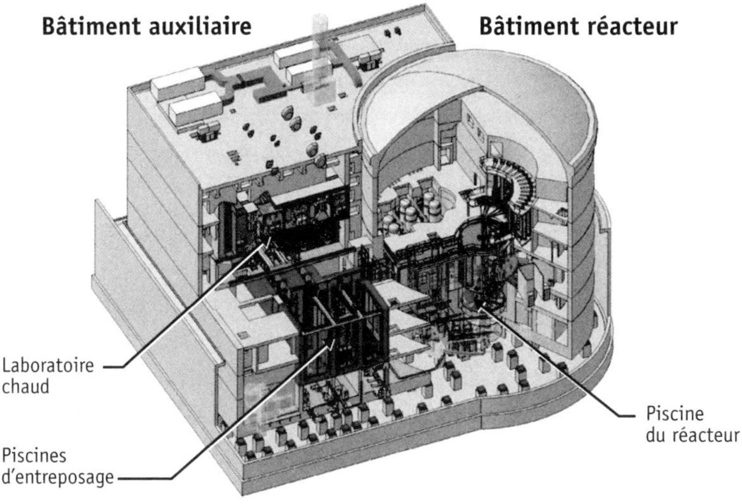

Figure 10.5 | Schéma du futur réacteur d'irradiation Jules Horowitz, actuellement en construction sur le centre de Cadarache (Bouches-du-Rhône). Ce réacteur de 100 MW servira entre autres au développement et à la qualification du combustible et des nouveaux matériaux pour les systèmes nucléaires.

Le cycle du combustible

Le traitement et le recyclage du combustible dépendront bien évidemment de la nature du combustible choisi et du type de réacteur sélectionné. En conséquence, les performances globales du système nucléaire intégreront à la fois celles du réacteur et de son cycle du combustible associé. La **séparation** et la **transmutation** des matières nucléaires impliquées dans ces cycles resteront des thèmes de recherche importants, de même que le **conditionnement** et le **stockage** des déchets ultimes produits.

L'ÉVOLUTION DU PARC NUCLÉAIRE FRANÇAIS

À longue échéance, il sera indispensable de disposer de systèmes nucléaires pouvant assurer une production électronucléaire réellement durable. Cependant, compte tenu des délais nécessaires à la mise au point des systèmes de 4e génération, l'augmentation nécessaire de la production d'électricité nucléaire passe pour l'heure par la construction de nouveaux réacteurs de troisième génération, les seuls disponibles industriellement. De plus, il faudra bien remplacer les réacteurs de seconde génération dont certains arriveront en fin de vie entre 2020 et 2040. Cette période de transition peut être avantageusement mise à profit pour investir fortement dans la recherche de pointe et permettre de tester des solutions techniques innovantes. Les fruits de cette recherche n'en seront que plus profitables lors de la mise en chantier des réacteurs de 4e génération.

Le principal producteur d'électricité en France (EDF) travaille sur un scénario qui permettrait de remplacer les réacteurs nucléaires actuels en faisant l'hypothèse d'une production électrique constante (Figure 10.6). Dans ce scénario, sur la période 2020-2040, les réacteurs arrivant en fin de vie seraient remplacés par des réacteurs EPR de 3e génération.

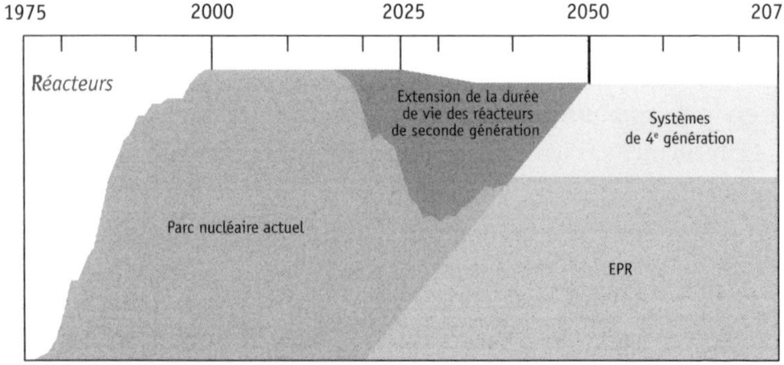

Figure 10.6 | Évolution du parc nucléaire français selon la vision d'EDF. Ce schéma fait l'hypothèse d'une production d'électricité constante dans le temps En réalité, la consommation électrique française augmente régulièrement de 8 TWh chaque année, soit l'équivalent de la production d'un EPR tous les deux ans.

Quant aux systèmes de 4e génération, ils pourraient être progressivement introduits à partir de leur date de disponibilité industrielle supposée, soit 2040. Dans l'intervalle, le déficit de production sur la période 2020-2040 devra être comblé par une extension de la durée de vie d'une partie des réacteurs actuels. Cependant, le contexte économique et environnemental international pourrait fort bien modifier ce schéma et inciter soit à freiner, soit au contraire à accélérer le processus.

LA FUSION NUCLÉAIRE

Nous avons vu au premier chapitre que l'énergie de cohésion nucléaire pouvait être libérée soit par fission de noyaux lourds (exemple de l'uranium), soit par fusion de noyaux légers. Il y a plusieurs réactions nucléaires possibles qui peuvent dégager de l'énergie nucléaire par fusion d'atomes légers, en particulier celles impliquant les deux isotopes de l'hydrogène que sont le deutérium et le tritium :

(1) $^{2}D + {}^{2}D \rightarrow {}^{3}He + n + 3{,}270\ MeV$
(2) $^{2}D + {}^{2}D \rightarrow {}^{3}T + p + 4{,}033\ MeV$
(3) $^{2}D + {}^{3}T \rightarrow {}^{4}He + n + 17{,}590\ MeV$
(4) $^{2}D + {}^{3}He \rightarrow {}^{4}He + p + 18{,}353\ MeV$

L'énergie se retrouve en général sous forme cinétique, emportée par les noyaux produits. À signaler que ces réactions ne sont pas identiques aux réactions thermonucléaires en œuvre dans notre Soleil, qui représentent le cycle proton-proton :

- $p + p \rightarrow {}^{2}D + e^{+} + \nu_{e} + 0{,}420\ MeV$
- $p + {}^{2}D \rightarrow {}^{3}He + \gamma + 5{,}494\ MeV$
- $^{3}He + {}^{3}He \rightarrow {}^{4}He + p + p + 12{,}859\ MeV$

Comme on le voit sur les trois réactions ci-dessus, le bilan global du cycle p-p est la transformation de quatre protons en un noyau d'hélium, dégageant 26,731 MeV d'énergie. En laboratoire, les physiciens reproduisent les réactions (2) et (3) indiquées précédemment. Cependant, pour produire de grandes quantités d'énergie, il est nécessaire qu'un grand nombre de réactions nucléaires puisse avoir lieu. Pour ce faire, il convient tout d'abord d'ioniser les atomes puis de maintenir les noyaux de deutérium et de tritium ionisés suffisamment rapprochés les uns des autres pour déclencher la réaction de fusion. Le principe revient donc à créer un plasma chaud d'ions puis à tenter de le confiner suffisamment longtemps dans un petit volume. Le critère dit de Lawson établit le seuil nécessaire à partir duquel l'énergie de fusion devient supérieure à l'énergie fournie pour chauffer le plasma et le confiner (régime dit de « *breakeven* »). Si n désigne la densité du plasma et T sa température, il faut que le temps de confinement τ soit tel que :

$$n \cdot \tau > f(T)$$

où f(T) est une fonction qui prend en compte la variation du taux de réaction avec la température (plus la température du plasma est élevée, plus le nombre de réactions augmente). Typiquement, pour la réaction D-T, il faut obtenir un produit $(n \cdot \tau) > 10^{20}\ m^{-3} \cdot s$.

Le confinement du plasma représente précisément l'une des difficultés techniques de la fusion. Il y a deux principales voies explorées pour contrôler le plasma : le confinement magnétique et le confinement inertiel.

La fusion par confinement magnétique

Sous l'action d'un champ magnétique, la force de Laplace courbe la trajectoire d'un ion électriquement chargé. Une configuration adéquate du champ magnétique peut donc forcer un ion à suivre une trajectoire précise, fermée sur elle-même. C'est le principe du confinement magnétique. Il existe plusieurs configurations de champs magnétiques pouvant assurer le confinement. Cependant, les physiciens travaillent sur principalement deux d'entre elles : celle du Tokamak[1] et celle du Stellarator. Dans un tokamak, la trajectoire de déplacement des ions s'enroule autour d'un tore sous la double action d'un champ magnétique toroïdal auquel on associe une composante de champ qui lui est perpendiculaire (champ dit poloïdal), qui peut être également créé par un courant induit dans le plasma lui-même. Dans un stellarator, le champ magnétique de confinement est induit par des bobines hélicoïdales s'enroulant autour du tore (Figure 10.7). Pour pouvoir confiner le plasma, qui a naturellement toujours tendance à se disperser, il faut disposer de champs magnétiques très intenses sans trop alourdir la consommation énergétique. C'est pourquoi, malgré les difficultés technologiques, certains tokamaks font appel à l'utilisation d'aimants supraconducteurs (comme Tore Supra et ITER à Cadarache). De plus, pour atteindre des températures de plasma élevées, on a recours à un chauffage externe additionnel, qui peut être soit ohmique (par courant induit dans le plasma), soit par injection de particules neutres (en général un accélérateur d'ions deutérium) ou encore par absorption d'ondes hyperfréquences (résonances électroniques, ioniques ou hybrides). Toutes ces techniques consomment de l'énergie. Dans un futur réacteur à fusion, il faudra également essayer de minimiser les problèmes de radioprotection. Or, le combustible tritium est élément très radioactif. C'est pourquoi l'on prévoit de le fabriquer sur place, à l'intérieur de l'enceinte en y disposant des couvertures en lithium (le tritium sera alors produit par les réactions nucléaires :

$$n + {}^{6}Li \rightarrow {}^{3}T + {}^{4}He + 4{,}782 \text{ MeV}$$
$$\text{et } n + {}^{7}Li \rightarrow {}^{3}T + {}^{4}He - 2{,}467 \text{ MeV}).$$

1. Du russe « *TOroidalnaja KAmera MAgnetnaja Katuska* » (qui veut dire chambre toroïdale à confinement magnétique). Le tokamak fut inventé en 1950 par Igor Tamm et Andreï Sakharov.

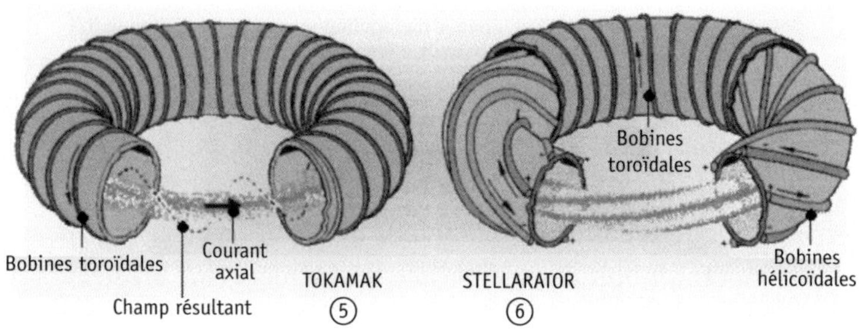

Figure 10.7 | Deux configurations possibles du champ magnétique de confinement du plasma : le Tokamak et le Stellarator.

La fusion par confinement inertiel

Un autre moyen exploré pour engendrer de la fusion nucléaire consiste à porter à très haute pression et à haute température un tout petit volume de matière (une bille de quelques millimètres contenant un mélange deutérium-tritium liquéfié) pendant un temps extrêmement court. C'est le principe du confinement inertiel, réalisé le plus souvent avec des faisceaux lasers (il existe également d'autres techniques possibles comme la striction magnétique axiale ou Z-pinch). Contrairement au confinement magnétique où la densité n est relativement faible et pour lequel on recherche un temps de confinement τ le plus long possible, le confinement inertiel tente de compenser l'extrême brièveté du confinement laser (temps inférieur à la nanoseconde) par des densités de plasma colossales ($n = 10^{30}$ m^{-3}, soit 10^{10} fois plus que le confinement magnétique). L'allumage du plasma se produit par implosion de la bille lorsque la température atteint les 100 millions de degrés (la température est en définitive du même ordre de grandeur que celle du confinement magnétique) (Figure 10.8). Les principales difficultés pour la démonstration de l'ignition concernent le chauffage du plasma et le contrôle de la parfaite symétrie de l'implosion et des instabilités hydrodynamiques. Quant à une application éventuelle à la production d'énergie, elle semble encore assez lointaine car des problèmes techniques de taille restent à résoudre. Citons pêle-mêle la fabrication des cibles cryogéniques, l'amélioration des rendements et des coûts des chaînes de lasers, la fréquence de répétition des tirs, les dommages aux matériaux induits, la tenue de la première paroi des chambres, la production et la récupération du tritium et l'extraction de l'énergie dégagée. Tous ces points posent des problèmes techniques importants, dont certains peuvent se révéler très délicats à résoudre voire des obstacles insurmontables. Et ceci, sans parler du coût économique d'investissement d'un éventuel réacteur à fusion. À l'heure actuelle, quatre installations d'importance sont en construction dans le monde, toutes ayant pour objectif la démonstration technique de la fusion inertielle. Aux États-Unis, la National Ignition Facility (au *Lawrence Livermore National Laboratory*, LLNL) basée sur 192 faisceaux lasers a été inaugurée en mai 2009 (coût 4 G$).

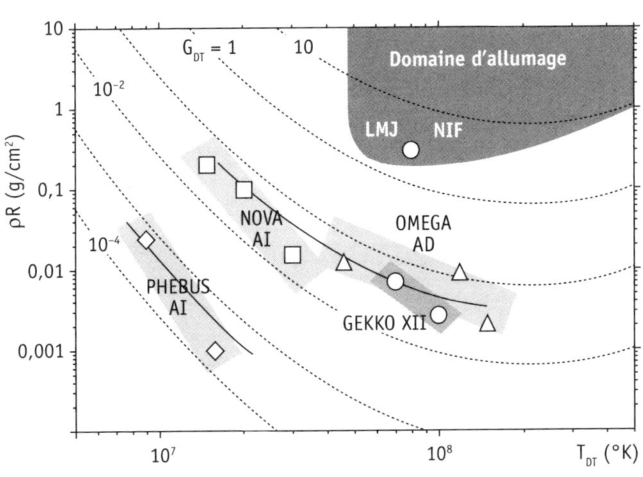

Figure 10-8 | Performances des implosions réalisées en laboratoire dans un diagramme représentant en ordonnée la masse surfacique (densité fois rayon) et en abscisse la température du plasma. Deux nouvelles installations, le National Ignition Facility (Lawrence Livermore National Laboratory, États-Unis) et le Laser MegaJoule (CEA Bordeaux, France) visent à établir la démonstration expérimentale en vraie grandeur de l'allumage par confinement inertiel.

Un projet français similaire au NIF, le Laser MegaJoule (LMJ) est en construction au CEA (Centre du CESTA, près de Bordeaux) (Figure 10.9). Il prévoit d'utiliser 240 faisceaux lasers fournissant 1,8 MJ d'énergie convergeant vers une cible cryogénique remplie de deutérium et de tritium. En novembre 2006, la sphère de 140 tonnes à l'intérieur de laquelle auront lieu les implosions de billes a été installée. Les expériences de physique devraient démarrer dès 2011. Un projet de fusion par confinement laser est également envisagé au Japon (Kongoh à Osaka). Signalons également qu'un projet de machine Z (à striction magnétique, baptisé Z-IFE) est en préparation au Sandia National Laboratory, Nouveau-Mexique, États-Unis.

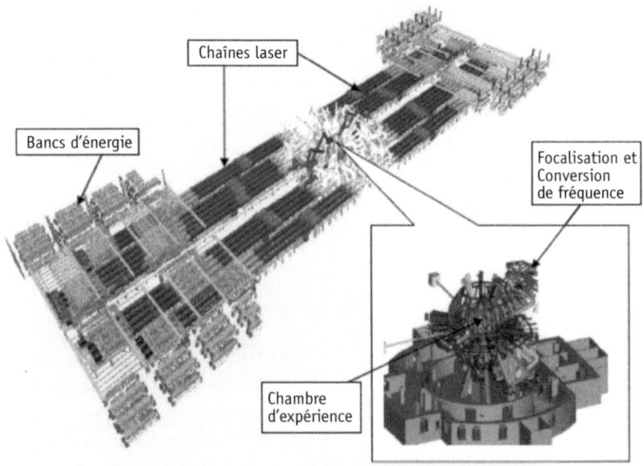

Figure 10-9 | Schéma d'implantation du Laser MégaJoule. Le bâtiment fait 300 m de long et comprend deux halls lasers abritant 30 chaînes de 8 faisceaux convergeant au milieu vers une sphère sous vide renfermant la petite bille de deutérium-tritium.

Le projet ITER

La complexité de la mise en œuvre expérimentale de la fusion nucléaire a poussé les pays à regrouper leurs efforts en la matière, d'abord au niveau européen (EURATOM), puis à l'échelle internationale. Après avoir financé de multiples installations comme TFTR (aux États-Unis), JT60 (au Japon), Tore Supra (en France) et le JET (en Grande-Bretagne), est née l'idée de construire en commun le démonstrateur ITER (*International Thermonuclear Experimental Reactor*). ITER est un gros tokamak basé sur le confinement magnétique (l'effet de taille du plasma est une caractéristique importante des installations de fusion[1]). Après de multiples tractations politiques à l'échelle internationale, et des délais liés au retrait américain du projet en 1998, le site de Cadarache (Bouches-du-Rhône) a finalement été sélectionné pour accueillir le projet (Figure 10.10).

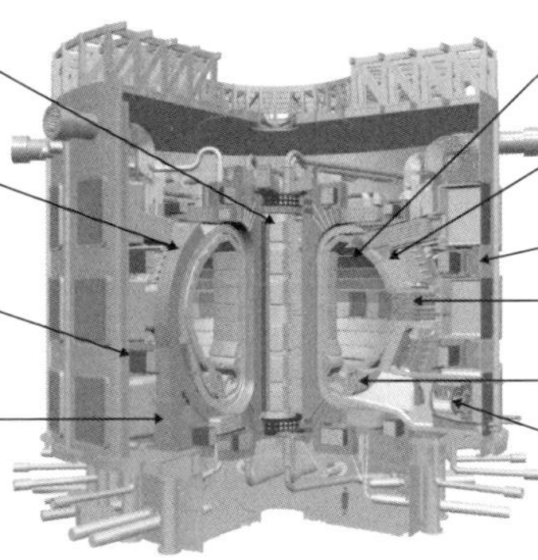

Figure 10-10 | Vue schématique de la machine de fusion ITER. Le bâtiment abritant le tokamak fait environ une trentaine de mètres de hauteur. Le grand rayon du plasma est de 6,2 m. Les 18 bobines magnétiques de champ toroïdal mesurent chacune 17 m de long pour 9 m de large.

Aujourd'hui, les sept pays partenaires d'ITER sont la Chine, la Corée du Sud, les États-Unis (réintégrés en 2003), l'Europe, la

1. Le temps de confinement τ varie comme le carré du grand rayon du plasma.

Russie, l'Inde et le Japon. La phase de construction a démarré et doit durer une douzaine d'années. Le coût de construction, initialement évalué à 4,7 G€ (en € de 2000) a fait l'objet d'une réévaluation à 12,8 G€ en 2008. Si tout se passe sans accrocs, les premières expériences réelles de fusion D-T ne se feront que vers 2027.

Le principal objectif technique d'ITER sera de démontrer que l'on peut atteindre et dépasser le « *breakeven* » pendant au moins 1000 secondes (en dégageant au moins 5 fois plus d'énergie qu'on n'en consomme pour chauffer et confiner le plasma, soit Q = 5). Les difficultés technologiques d'ITER concernent la tenue des matériaux (les neutrons de fusion ont une énergie de 14 MeV, c'est-à-dire qu'ils sont encore plus énergétiques que les neutrons des réacteurs rapides), les couvertures tritigènes au lithium, le divertor (dispositif servant à extraire l'hélium et les impuretés du plasma), l'extraction de l'énergie et la minimisation et la gestion des matériaux irradiés. Si les futures expériences qui vont être réalisées sur l'installation ITER en 2030-2040 s'avèrent prometteuses, la construction d'un véritable démonstrateur de réacteur à fusion pourra alors être envisagée au-delà de 2050.

Conclusion

La découverte de la radioactivité par Henri Becquerel en 1896 a stimulé nombre de physiciens de la première moitié du XXe siècle pour élucider les mystères des interactions à l'œuvre à l'intérieur du noyau atomique et mieux préciser l'extraordinaire énergie qu'il y concentre. La seconde moitié du siècle dernier a vu l'émergence d'une technologie relativement simple capable de récupérer une partie de cette énergie grâce à la fission nucléaire de l'uranium. Une autre technologie possible, la fusion nucléaire, s'est avérée plus difficile que prévue à mettre en œuvre et demande encore un travail conséquent aux chercheurs avant d'envisager une quelconque application industrielle.

Cependant, l'utilisation de l'énergie nucléaire suscite beaucoup d'interrogations dans le public. On entend le plus souvent dire « le nucléaire est dangereux » ou « on ne sait pas se débarrasser des déchets nucléaires ». Certes, toute activité humaine comporte des risques et produit des déchets. Mais sait-on seulement quels sont exactement les risques liés au fonctionnement d'un réacteur ? Connaît-on la quantité totale de déchets radioactifs produits et sait-on préciser quelle est la nocivité réelle de ces déchets ? Un certain nombre d'idées préconçues, souvent relayées par les médias, sont véhiculées sans discernement. Il me semble important que tout citoyen puisse avoir la possibilité de s'informer pour se forger sa propre idée sur les problèmes énergétiques et sur la question du nucléaire en particulier.

Ce choix de l'énergie nucléaire doit se faire d'une manière raisonnée et en toute connaissance de cause. En particulier, il faudra que le risque associé soit pleinement assimilé et assumé. Malgré une sûreté très sophistiquée sans équivalent dans aucune autre industrie, une centrale nucléaire n'est pas infaillible. Offrant une alternative crédible, l'énergie nucléaire peut et doit être considérée comparativement aux autres énergies de masse aujourd'hui disponibles, essentiellement fossiles. Pour lutter contre le réchauffement climatique, le développement des énergies renouvelables est aujourd'hui largement favorisé partout dans le monde avec un soutien financier très important des pouvoirs publics. Cependant ces énergies ne couvriront qu'une faible partie des besoins et sont le plus souvent intermittentes. Pour diminuer significativement la part des énergies fossiles, le nucléaire, aujourd'hui incontournable, doit pouvoir trouver sa place dans un mix énergétique équilibré au côté des énergies renouvelables. C'est en comprenant bien les enjeux, en appréhendant tous les risques et en sachant évaluer les conséquences sur l'homme et son environnement que l'on est en mesure de jauger de la meilleure orientation énergétique. Notre décision doit être mûrement réfléchie et rationnelle, sans dogmes et sans a priori, car elle est engageante sur le long terme. Les promesses futures laissent poindre l'immense espoir de pouvoir un jour fournir à l'humanité une énergie abondante, durable et sans émission de gaz carbonique.

Composition : Patrick Leleux PAO
14123 Fleury-sur-Orne

Achevé d'imprimer en France par Présence Graphique
2, rue de la Pinsonnière - 37260 Monts
N° d'imprimeur : 111140328

Dépôt légal : novembre 2011